액체 크로마토그래피 분석과

천연물 유기화학구조

시료의 전처리 요령과 액체 크로마토그래피법의
기초 및 응용에 이르는 과정을 다룬 도서

액체 크로마토그래피 분석과 천연물 유기화학구조

최창식 지음

한국문화사

머리말

  천연물을 이루는 화학적인 성분들에 대한 약리적 특성을 체계적으로 밝히기 위해서는 그의 대사적인 현상뿐만 아니라 그의 화학적인 성분을 구성하는 분자적인 구조의 특성을 알아내야만 한다. 이러한 분자적 구조의 특성을 알아내기 위한 첫 번째 단계는 천연물을 구성하는 유효한 성분들의 분리 분석이 선결되어야 하며 그에 따른 구조적 동정(UV, IR, NMR, Mass 등)의 해석이 함께 이루어져야 한다.

  따라서, 유효한 성분들의 분리 분석을 위하여 가장 기초가 되는 시료의 전처리 요령에 대하여 알아보고, 액체 크로마토그래피법(Liquid Chromatography)의 기초 및 응용에 이르는 과정을 다루고자 하였다. 그리고, 몇가지 알려진 천연물의 HPLC 분석결과들에 대하여 화학적 성분들의 구조에 따른 적용 및 해석을 다루게 되었다. 아울러, 기능성 식품류에 응용되는 천연물을 구성하는 다양한 성분들의 화학구조를 파악하여 LC 분석에 따른 성분 분석들의 참고자료로 이용하고자 하였다.

  끝으로, 이 교재가 나오기까지 적극적으로 도와주신 한국문화사의 편집부 관계자 여러분께 깊은 감사를 드립니다.

2024년 5월
대학교 교정에서
저자 최창식

목차

머리말_5

1. 시료의 전처리 요령   9
   - (1) 전처리의 필요성   9
   - (2) 이상적인 시료 전처리법   10
   - (3) 대표적 전처리법   11

2. 시약, 용매선정의 요령   23

3. HPLC 기기분석법   35
   - (1) 서론   35
   - (2) 기초이론 및 용어   39
   - (3) 장치(Equipment)   50
   - (4) High Performance Liquid Chromatography(HPLC)   62
   - (5) Preparative Liquid Chromatography(PLC)   66

4. 아미노산의 분석   75
   - (1) 아미노산의 구조 및 역할   75
   - (2) 아미노산 분석의 역사   76
   - (3) 아미노산 분석 분야   81

5. 당(Sugar)의 분석   83
   - (1) 탄수화물   83
   - (2) 당 분석의 원리   84

6. Ion Chromatography(IC) ... 87
   (1) Ion Chromatography(IC)의 원리 ... 87
   (2) Ion Chromatography(IC)의 역사 ... 89
   (3) Ion Chromatography(IC)의 특성 ... 89
   (4) Ion Chromatography(IC)의 응용분야 ... 91

7. Size Exclusion Chromatography(SEC)와 Light Scattering ... 93
   (1) Size Exclusion Chromatography(SEC)의 원리 ... 93
   (2) Light Scattering ... 98

8. 천연물 약재의 예측적 분리 ... 103
   (1) 감초(Glycyrrhizae Radix) ... 103
   (2) 길경(Platycodi Radix) ... 105
   (3) 당귀(Angelicae Gigantis Radix) ... 106
   (4) 자초(Lithospermi Radix) ... 108
   (5) 천궁(Cnidii Rhizoma) ... 110
   (6) 황기(Astragali Radix) ... 111
   (7) 황백(Phellodendri Cortex) ... 112

9. 천연물 유기화학구조 ... 115

참고문헌_144

1

시료의 전처리 요령

(1) 전처리의 필요성

 분석대상이 의약품, 생체시료, 식품, 환경시료, 화학품과 달라도 모든 분석에 있어서 High throughput화와 고정밀도·고감도화를 양립시킨 효율화가 필요하게 되고 있다.
 분석효율을 올리기 위해서는 전처리를 하지 않고 시료를 그대로 직접 분석할 수 있는 것이 이상적이지만 이상과 현실은 달라 아래와 같이 항목에 해당하는 경우는 전처리가 필수가 된다.

- 시료 중의 방해물질 제거를 필요로 하는 경우
- 대상성분의 농축을 필요로 하는 경우

 먼저 접한 GC/MS, LC/MS에 대해서는 방해물질 제거를 위한 전처리는 필요 없다고 생각하기 쉽지만 정확한 질량 스펙트럼을 얻기 위해 특히 LC/ESI-MS에 있어서 이온화 효율을 향상시키고 고감도화 할 필요가 있는 경우에는 전처리를 필요로 하는 것이 많다. 제단백법, 역상 고상 추출법 및 양이온교환-역상혼합모드 고상추출법으로 얻어진 샘플의 LC/ESI-MS/MS로 분석을 하면 동일한 분석 결과를 얻어야만 되지만은 실제적으로 분석 결과의 차이를 보이고 있다. 이것은 목적성분과 동일의 보관유지시간에 다량의 시료 매트릭스 성분이 용출하고 있는 것으로부터 ESI에 의한 이온화가 방해되고 있는 현상(이온화 저해)이 일어나고 있기 때문이라고 생각된다.

LC/ESI-MS분석에 있어 시료 매트릭스 성분에 의한 이온화 저해가 일어나고 있는 경우는 분석 감도가 저하하고 또 정량 정밀도도 저하한다.

(2) 이상적인 시료 전처리법

이상적인 시료 전처리법이란 다음의 항목을 만족하는 것이라고 생각할 수가 있다.

- 고희수율
- 고정밀도
- 완전한 불순물 제거
- 폭넓은 화합물에의 적합성
- 고선택성
- high throughput
- 자동화 가능
- 간단
- 저렴

실제로는 상기항목에는 서로 상반되는 항목이 포함되어 있기 때문에 그 모든 것을 만족하는 방법은 존재하지 않는다. 그러나 상기로부터 자신이 실시하는 분석의 목적에 따라 필요한 항목을 선택해 시료 전처리를 효율적으로 실시하는 것이 중요하다.

(3) 대표적 전처리법

현재 다양한 시료 전처리법이 이용되고 있지만 여기에서는 HPLC 분석을 위한 전처리법으로서 대표적인 3개의 방법에 대해 해설한다.

(ⅰ) 단백질 침전법 (제단백법)

생체 중의 의약품분석 등에 있어 아마 가장 자주 사용되고 있는 방법으로 시료 용액과 동량 혹은 수 배량의 유기용매를 더해 단백질을 침전시켜 원심분리 등에 의해 제외하는 방법이다. 장점은 신속하고 간단한 것이지만 반면에 단백질 이외의 성분을 제거하지 못하고 또 단백질에 대해서도 완전한 제거는 어렵다.

(ⅱ) 액-액 추출법

수용액계 시료에 물과 혼합하지 않는 유기용매를 넣어 진탕 후 수상과 유기상의 2상으로 분리할 때까지 정치해 수상으로부터 유기상에 목적성분 또는 방해성분을 추출하는 방법. pH를 변화시키면서 전용을 반복하는 것이 어느 정도의 클린업이 가능 하지만 시간과 노력이 들어 자동화도 곤란하다. 또 작업자의 숙련도가 결과에 큰 영향을 주는 방법이기도 하고 유기용매의 소비량이 많기 때문에 환경에 대한 부하도 크다

(ⅲ) 고체상 추출법

액-액 추출의 한편의 액체상을 고체상에 옮겨놓아 목적성분 또는 방해성분을 일단 고체상에 보관 유지시키고 나서 적당한 용매로 이탈 추출하

는 방법이다. 본 방법의 경우 폭넓은 화합물을 동시 추출하는 비선택적 추출과 특정화합물을 선택적으로 추출하는 방법이 설정 가능하다. 또 고체상추출법은 사용목적에 맞추어 여러 가지의 디바이스에 고상을 충전한 것 이용 가능하다.

정확한 고상에 의해 최적화된 고체상추출법은 클린업효과가 높고 회수율, 정밀도 모두 양호하고 간편, 신속하여 작업자에 의한 차이도 나오기 어렵다.

또, 유기용매 소비량도 적고 자동화도 가능한 이상에 가까운 방법의 하나이다. 그러나 고체상의 선택 혹은 사용빙법을 잘못히어 좋은 결과는 얻을 수 없다. 다음 절에부터는 고체상 추출법으로 초점을 맞추어 그 요령에 대해 해설한다.

〈고체상추출법 실시할 때의 요령〉

a. 시료 전처리법을 검토하기 전에 대상성분, 시료 매트릭스, 전처리의 목적 등에 대해서 고려할 필요가 있다. 다음에 고려해야 할 대표적인 항목을 열거한다.

- 분석 대상성분의 화학적 특성
  - 이온성
  - 소수성
  - 용해도
  - 분자 구조
- 분석 대상성분의 물리적 특성
  - 분자량

- 시료 매트릭스 성분
- 시료 타입
  - 생체시료~혈장, 뇨, 조직
  - 시료
  - 환경시료
  - 합성시료
  - 그 외
- 전처리의 목적
  - 클린업
  - 농축
  - 용매 교환
- 시료용량
- 분석방법

이러한 정보가 많으면 많을수록 고체상의 선택 및 고체상 추출법 최적화가 용이하게 된다.

b. 고체상의 종류

고체상추출법에는 HPLC로 이용 가능한 고체상의 대부분이 이용 가능하다.

c. 고체상의 선택 방법

　분석시료가 수용액계 시료인 경우는 역상 고체상의 의한 추출이 최적이다. 예를 들어 생체 중의 의약품, 수질환경 중의 오염물질 등의 시료 전처리에는 역상 고체상 추출법이 많이 사용되고 있다. 소수성이 약하고 극성이 높은 화합물은 역상으로는 충분히 보관 유지할 수 없는 경우가 있어 그 경우 활성탄이 사용된다.

　분석 대상성분이 이온성인 경우는 이온교환 고체상, 이온교환-역상 혼합모드 고체상이 사용되는 경우도 있다. 역상 고체상이 폭넓은 화합물의 일제추출에 적절한데 대해 이온교환 및 이온교환-역상 혼합모드 고체상은 이온성 화합물의 선택적 추출에 적절하고 있다. 또 역상 고체상은 수계 시료의 전처리에는 적합하지만 유기용매 용해 시료의 전처리에는 적합하지 않는 (유기용매를 제거 또는 혼합비를 내릴 필요가 있다)것에 대해서 이온교환 및 이온교환-역상 혼합모드 고체상은 유기용매 중의 이온성 화합물을 추출하는 일도 가능하다.

　시료가 유기용매에 용해한 형태로 주어지는 경우나 복잡한 성분의 클린업에는 순상고체상이 사용되는 것이 많다. 예로서 식품 중의 잔류농약 분석 등을 들 수 있다.

　다음 항 이하에서는 HPLC의 시료 전처리법으로도 높은 빈도로 사용되고 있는 역상 고체상추출법 실시상의 요령으로서 예상되는 어려움과 그 원인 및 그 개선방법을 알아본다.

d. 역상 고체상추출법에 있어서의 트러블의 원인

(i) 낮은 회수율의 원인

역상 고체상추출법에 대해 만족스러운 회수율을 얻을 수 없는 경우 아래와 같은 원인이 예상된다.

- 고체상의 선택이 적합하지 않다.
- 컨디셔닝하고 있지 않거나 또는 불완전
- 시료 로드(부하)전에 고싱이 건조되어 있나.
- 조건설정이 나쁘다.
  - 대상성분의 k(보관유지계수)가 너무 작다(대상성분이 그냥 통과)
    → 시료용액 중의 유기용매 혼합비가 너무 낮다.
    → 시료용액의 pH가 부적당.
  - 대상성분의 k가 너무 크다(대상 성분이 이탈되지 않는다.)
    → 이탈 추출시의 유기용매 혼합비가 너무 낮다.
    → 이탈 추출시의 pH가 부적당.
- 시료 로드시 및 이탈 추출시의 유속이 너무 빠르다.
- 고체상의 용량이 부족하다.
- 알칼리성 화합물이 실리카 베이스 고체상의 이온화한 잔존 실라놀 기본으로 흡착하고 있다.
- 킬레이트 화합물이 실리카 베이스 고체상의 이온화한 잔존 실리카 기본으로 흡착하고 있다.
- 화합물이 안정이 아닌 조건, 환경에서 전처리가 실시되고 있다.

(ii) 클린업 효과가 낮은 경우의 원인

역상 고상추출법에 대해 만족스러운 클린업 효과를 얻을 수 없는 경우 아래와 같은 원인으로 된다.

- 고상의 선택이 적합하지 않다.
- 세정의 선택이 적합하지 않다.
  - 유기용매 혼합비가 부적당
  - 유기용매의 선택이 부적당
  - pH가 부적당
  - 이온강도가 부적당
- 세정공저의 개선
  - 대상성분이 용출하지 않고 또한 대상성분보다 보관유지가 약한 불순물을 대한 제거할 수 있는 조건을 검토한다.
- 이탈공정의 개선
  - 대상성분을 완전하게 용출하고 한편 대상성분보다 보관유지가 강한 불순물을 용출하지 않는 조건을 검토한다.
- 보관유지 메커니즘이 다른 고상을 사용한다.

(iii) 결과의 불규칙성 큰 경우의 원인

역상 고체상추출법에 대해 불규칙한 경우 다음의 원인이 예상된다.

- 고상의 선택이 적합하지 않다.
- 고상추출용 충전제의 로트간 차이
- 시료 메트릭스의 변동

- pH
- 이온 강도
- 특이적/비특이적 흡착
- 남/녀, 어른/아이, 동물/인간
• 강건하지 않은 방법/순서
• 실시자

e. 역상 고상 추출법에 있어서의 트러블의 개선방법

d항에 해설한 것 같은 트리블이 발생했을 경우는 분석대상성분을 기존 농도로 첨가한 시료를 이용해 회수시험을 실시해 대상성분이 어느 분획에 어느 정도 존재하고 있을까를 정량적으로 파악해 트러블의 원인이 어디에 있는지를 확정할 필요가 있다. 원인이 어디에 있을지가 확정하면 거기에 대응한 대책을 실시하는 것이 가능하게 된다.

이하에 역상 고체상추출법을 4개의 스텝으로 나누어 각 스텝에 있어서의 트러블과 그 개선방법에 대해 해설한다.

(ⅰ) 스텝1 : 시료 조제

고상추출을 실시하기 전의 시료 조제시에 일어날 가능성이 있는 트러블과 그 개선방법에 대해 아래와 같이 소개한다.

① 예상되는 트러블
- 시험관에의 흡착
- 시료 매트릭스 중의 고형물 또는 단백질 등에의 흡착 또는 포합
- 불안정 성분

② 개선방법
- 시릴화한 시험관 혹은 플라스틱제 시험관을 사용
- 한층 더 완전하게 균질화 한다.
- 단백질에 흡착하는 화합물의 경우 산 또는 알칼리를 첨가
- 온도, 조도의 컨트롤, 용매선택

이와 같이 단백질에 흡착하는 화합물에 대해서는 단백질을 포함한 시료 중으로부터 고체상추출을 실시하면 회수율이 저하하는 일이 있어 그 경우 산 또는 알칼리를 시료용액에 첨가해 단백질의 구조를 변화시켜 화합물을 방출시킬 필요가 있다. 혈청에 대해서 용량비로 2%의 진한 인산을 첨가하고 나서 같은 전처리를 실시했을 경우 회수율이 개선되고 있다.

(ii) 스텝2 : 시료 로드
시료조제에 이어 고상의 컨디셔닝과 평형화를 실시해 시료를 로드(load)한다. 본 단계에 있어서의 트러블과 그 개선방법에 대해 기술한다.

① 예상되는 트러블
- 부적절한 컨디셔닝
- 대상성분의 보관유지가 약하다
- 시료 매트릭스의 변동
- 볼륨 overload
- 매스 overload

② 개선방법
- 고상에 맞는 적잘한 컨디셔닝을 실시한다. 실리카 베이스 C_{18}의 경우 건조시키지 않을 것.
- 이탈력이 약한 용매로 희석한다. 보관유지가 강한 고상을 사용한다. 큰 카트리지를 사용한다.
- 완충액을 이용해 일정한 pH 및 이온강도를 조정한다.
- 로드 볼륨을 작게 한다. 큰 카트리지를 사용하고 로드량을 줄인다.
- 큰 카트리지를 사용한다.

살리실산은 카르복실기의 pKa가 2.97의 산성 화합물로 pH=7의 용액 중에서는 완전하게 이온화하고 있기 때문에 역상 고상에 대한 보관유지능이 약해진다. pKa보다 낮은 pH에서는 해리가 억제되기 때문에 비이온화체의 비율이 높아져 역상 고상에의 보관유지능이 강해진다. 이와 같이 일반적으로 이온성 화합물의 역상 고상에의 보관유지를 강하게 하고 싶은 경우는 산성 화합물에서는 시료 용액의 pH를 낮게 반대로 알칼리성 화합물에서는 시료 용액의 pH를 높게 하는 것이 효과적이다.

(ⅲ) 스텝3 : 세정
시료 로드에 이어 세정을 실시해 방해성분을 클린업한다. 본 단계에 있어서의 트러블과 그 개선방법에 대해 기술한다.

① 예상되는 트러블
- 대상성분의 보관유지가 약하다.
- 시료 매트릭스의 변동

② 개선방법

- 보관유지가 강한 고상을 사용한다. 큰 카트리지를 사용한다
- 이탈력이 약한 세정액을 사용한다
- 완충액을 이용해 일정한 pH 및 이온강도로 조정한다.

(iv) 스텝4 : 이탈

(i)~(iii) 항까지의 어디에도 문제가 없고 그런데도 회수율이 나쁜 경우 대상성분의 보관유지가 강하게 고상에 아직 잔존하고 있는 것이 예상된다. 그 경우 다음과 같이 검토한다.

- 이탈 용매   - 이탈 유속   - 이탈 방법   - 고체상 변경

역상 고체상에 대해서는 소수성이 높은 유기용매 만큼 강한 탈리력이 가지고 있기 때문에 보관유지가 강해, 탈리되기 어려운 소수성 성분에 대해서는 탈리력의 강한 유기용매를 사용하는 것으로 개선할 수 있다. 소수성이 높은 화합물을 역상 고상으로부터 메탄올로 이탈시켰을 경우와 디클로로메탄과 메탄올의 혼합용매로 이탈시켰을 경우의 회수율은 메탄올만으로도 이탈용매를 2mL 사용하는 것으로 양호한 회수율을 얻을 수 있지만 디클로로메탄과 메탄올의 혼합용매를 사용하는 것으로 보다 적은 액체량으로 양호한 회수율을 얻을 수 있다. 다만 용매에 따라서는 독성이나 환경에 대한 부하가 문제가 될 수도 있기 때문에 이것들을 고려한 다음 최적 용매를 결정할 필요가 있다.

이탈 유속에 대해서는 천천히 실시하는 것으로 이탈효율을 개선할 수가 없다. 일반적으로 2ml/min이하의 유속으로 실시하는 것이 바람직하다.

이상, 시료 전처리의 요령으로서 널리 사용되고 있는 역상 고체상추출법에 대해 트러블의 원인과 그 개선방법에 대해 설명하였고, 시료 전처리법으로서 고체상추출법을 적용하는 경우 아래와 같이 염두에 두어 최적화하는 것으로 신속하고 정밀도 높은 시료 전처리를 실시하는 것이 가능하게 된다.

- 고상 추출법은 액체 크로마토그래피이다.
  - 전형적인 이론단수는 50단 이하
  - 분리계수(α)는 1이상
- 대상성분의 시료 로드시의 보관유지를 최대로 한다
- 대상성분의 탈리시의 보관유지를 최소로 한다.
- 바람직한 결과를 얻을 수 없는 경우 첨가 회수시험을 실시해 물질수지를 본다
  - 대상성분이 어디에 어느 정도 용출하고 있을지를 모르므로 대책을 강구할 수 없다.
  - 트러블의 원인을 확정할 수 없으면 대책을 강구할 수 없다.

2

시약·용매선정의 요령

 고속 액체 크로마토그래피(HPLC)를 능숙하게 다루는데 있어서 컬럼이나 장치에 관한 정보는 중요하고 사용자의 관심도 높다. 또 근년의 컬럼이나 장치의 진보에 수반해 제대로 된 매뉴얼이 존재하고 오퍼레이션 정보가 제공되고 있으면 초보자로부터 숙련자까지 누가 분석을 실시해도 어느 정도 같은 분석결과를 얻을 수 있게 되었다.
 한편 HPLC에 이용하는 시약이나 용매에 관해서는 조역적이 존재로서 다루어져 컬럼이나 장치와 비교해 관심은 낮다. 그런데 이동상조제 등에 있어 매뉴얼대로 실행했다고 해도 시약이나 용매의 특성을 모르기 때문에 같은 결과를 얻지 못하고 분리하고 있던 피크가 전혀 분리하지 않게 되는 등의 가능성도 있다.
 HPLC에 이용하는 시약이나 용매의 종류는 많고, LC/MS 등 장치의 진보에 수반해 새로운 시약도 날마다 등장하는데 이러한 시약이나 용매의 특성을 이해해 분석목적에 최적인 것을 선택하는 것은 분석을 성공시키는

데 있어서 중요하다.

본장에서는 HPLC를 취급하는데 있어서 최적인 시약이나 용매를 선정하기 위한 요령에 대해 소개한다.

• **시약·용매의 그레이드**

시판되고 있는 시약이나 용매는 같은 명칭이어도 HPLC용·특급·최고급 등 많은 그레이드가 존재하는 일이 있다. 구입시에는 품명만이 아니고 어떠한 그레이드가 있는지를 반드시 확인 후 사용목적에 맞는 것을 선택한다.

• **이동상에 이용하는 유기용매의 그레이드의 차이와 선택**

HPLC의 이동상에 HPLC용 그레이드의 용매를 선택하는 것은 일반적이지만 과연 특급 등 다른 그레이드의 것은 사용 가능할 것인가. 만약 가능하다면 고가의 HPLC용 그레이드의 사용을 그만두고 코스트 삭감을 도모하고 싶은 것은 누구나가 생각할 것이다. 여기서 이동상 용매선택에 필요한 그레이드의 차이에 대해 설명한다.

시약의 특급이나 최고급이라고 하는 그레이드는 일반적으로 그 순도를 기준으로 메이커 마다 설정하고 있다. 즉 고순도의 것이 필요한 때는 시약 특급을 선택한다. 한편 HPLC용 그레이드는 자외 흡수 불순물이나 형광 흡수 불순물이라고 하는 HPLC검출기에 고려해야 할 불순물 제거가 기준이 된다. 그 때문에 HPLC에서 가장 많이 사용되고 있는 자외 흡수검출기를 사용할 때나 형광검출기를 이용할 때는 역시 HPLC용 그레이드를 선택하는 것이 무난하다. 특히 자외 흡수검출기를 이용할 때는 분석파장이 200~300nm라고 하는 단파장 영역에 있어 HPLC용 그레이드와 다른 그레이드와의 차이는 분명하다. 그런데 254nm나 280nm라고 하는 중장파장 영역에서는 특급과 HPLC용 그레이드로 자외흡수의 차이가 적게 되기 때문에 고감도분석이나 그레디언트 분석을 필요로 하지 않을 때에는 특급 그레이드의 용매를 이용하는 일도 가능하다. 다만 특급 그레이드는 순도의 보증만으로 자외 흡수 불순물의 확인은 하지 않기 때문에 시약 메이커나 로트의 차이에 의해 자외 흡수 불순물 함량에 차이가 있을 가능성을 고려한 다음 사용이 된다.

HPLC용매로서 THF와 같은 안정제의 첨가가 필요한 용매에 관해서는 안정제의 종류나 유무를 확인할 필요가 있다. HPLC용 그레이드에 대해서는 어느 메이커도 안정제 무첨가가 기본이며 이러한 불안정한 용매를 HPLC에 이용할 때는 HPLC용 그레이드의 선택이 무난하다. 다만 개봉 후는 냉암소에 보관해 가능한 빨리 다 사용하는 등의 주의가 필요하다.

- **시약·용매의 용도**

HPLC용 시약이나 용매는 다양한 용도로 사용되고 있다. 주된 용도는 사용목적별로 다음의 것을 들 수 있다

- 이동상용 유기용매(CH_3CN, CH_3OH 등)
- 완충액용 시약(인산염, 초산염 등)
- 이온쌍시약
- 유도체화 시약

이 중에서 완충액용 시약, 이온쌍시약 및 유도체화시약은 필요에 따라서 사용한다.

• 사용 목적별 시약·용매선택

a. 이동상용 유기용매

HPLC를 사용하는 것에 즈음해 절대로 필요한 것으로 이동상을 들 수 있다. 이동상에 이용하는 유기용매는 분리모드에 대응해 다양한 것이 사용된다.

- 분리모드: 이동상용매
- 역상: 아세토니트릴, 메탄올, 에탄올, THF 등
- 순상: 헥산, 헵탄, 초산에틸, 에탄올, 디에틸에테르, 2-프로판올 등
- 이온교환: 기본적으로 유기용매는 사용하지 않는다
- 크기배제: THF, 톨루엔, 디클로로벤젠 등

각 분리모드에 대해 사용하는 유기용매의 종류에 따라 용풀력, 선택성, 분석시의 압력부하가 다르므로 그 선택은 중요하다. 또 LC/MS를 이용하는 경우나 분석 후에 분취까지 규모를 올리는 경우 등 사용상황에 따른 용매선택도 고려할 필요가 있다.

분리모드를 변경할 때는 이동상의 상용성을 고려해야 한다. 예를 들어 역상모드에서는 물과 메탄올 등의 유기용매가 이동상에 사용되지만 역상으로부터 순상으로 이행할 때는 순상모드의 헥산과 같은 이동상과는 서로 섞이지 않기 때문에 장치의 유로계를 양모드로 혼합할 수 있는 용매로 치환한다. 이러한 목적으로는 에탄올이 일반적으로 사용되고 있다. 다만 역상 분석시에 완충액 등을 이용했을 때는 에탄올을 갑자기 흘리면 물에게만 용해 가능한 염류가 석출해 버리므로 물과 유기용매의 혼합액을 우선

통과시켜 컬럼이나 장치 내로부터 염류를 씻어 흘리고 나서 에탄올을 흘리도록 한다.

b. 시료용매

HPLC로 분석하는 시료는 반드시 용매에 용해·희석한 후 주입해야 한다. 고체시료는 물론 비록 액체의 시료여도 희석은 필요하다. 희석하지 않고 그대로 시료 주입하면 시료가 컬럼 입구에 막혀 이동상에 조금씩 용해해 컬럼 내를 통과하게 된다. 그 결과 용질 시료가 용출되어 넓은 피크가 되거나 언제까지나 바탕선이 상승하거나 한다. 이동상에 용해할 수 없는 시료의 경우는 컬럼을 통과하지 못하고 용출 불가능이 된다.

시료용매로서는 분석조건이 정해져 있는 경우는 이동상과 같은 용매를 이용하는 것이 일반적이다. 분석조건을 검토하고 있을 때는 이동상 조건은 수시로 다르다.

시료용매의 유기용매 비율이 이동상의 유기용매 비율보다 높은 경우 시료주입 후에 시료용매가 이동상에 확산해 이론단수가 다소 저하하는 일이 있으므로 가능한 범위에서 이동상조성에 가까운 용매 조성으로 시료를 희석하는 편이 안전하다.

시료농도는 분석목적의 경우는 수 십~수 천 ppm정도로 희석한다. 시료가 컬럼 내의 고정상에 신속하게 받아들여지기 위해서는 어느 정도 농도가 낮은 편이 유리하지만 너무 낮으면 검출이 어려워지고 주입량을 늘리면 밴드폭이 넓어져 분리가 나빠진다. 분치 목적의 경우는 얼마나 많은 양을 주입할 수가 있을지가 중요하다. 시료농도는 용해 가능한 경우는 수 %정도로 한다.

c. 완충액용 시약

역상이나 이온교환 모드에 대해서는 이동상에 완충능을 갖게 해 재현성이 좋은 분리를 얻기 위해서 염류를 첨가한다. 또 산이나 염기를 이용해 최적인 pH로 조정한다.

(i) 종류
- 염류 : 인산나트륨, 초산암모늄 등
- 산·염기류 : 인산, 초산, 암모니아, 트리에틸아민 등

완충액을 이동상에 이용할 때는 시료의 pKa를 고려해 최적인 pH에서 완충능을 가지는 것 같은 염을 선택한다. pKa로부터 크게 빗나간 pH의 이동상에서는 완충능이 작동하지 않기 때문에 재현성있는 분석이 어려워 진다. 첨가하는 염의 농도에 관해서는 너무 낮으면 완충효과가 불충분하고 반대로 너무 진하면 염이 용해성이 나빠져 결정이 석출해 버린다. 일반적으로는 0.05~0.1mol/L정도의 농도로 사용되는 것이 많다. 기울기 방법의 용출시는 유기용매 비율이 서서히 높아지는 것으로 동시에 물의 비율이 낮아지기 때문에 첨가하고 있는 염이 있는 시점에서 용해도를 넘어 석출해 버리는 일이 있으므로 특히 주의가 필요하다.

LC/MS를 이용할 때는 휘발성의 염을 사용할 필요가 있다. 많이 사용되고 있는 것에 초산암모늄, 포름산암모늄, 트리 플루오르 초산암모늄 등이 있다. LC/MS에서 사용하지 않는 것으로서는 인산나트륨, 인산칼륨, 초산나트륨, 초산칼륨, 수산화나트륨, 수산화칼륨, 붕산, 구연산, 염산, 황산 등을 들 수 있다.

d. 이온쌍시약

역상모드에서의 분석에 있어 산성물질이나 알칼리성 물질은 이동상 조건에 따라서는 해리상태가 되어 보관유지가 약해 피크형상이 나빠져 분석하기 어려워진다.

이와 같은 때에 시료를 충분히 보관유지시켜 분석하기 쉽게 하기 위해서 이온쌍시약을 이동상에 첨가한다. 이온쌍시약을 이용하는 것으로 분석 영역을 확대하는 것이 가능해진다.

(ⅰ) 범용 이온쌍시약 예
  - 알칼리성 물질용

    sodium 1-propanesulfonate   sodium 1-butanesulfonate
    sodium 1-pentanesulfonate   sodium 1-hexanesulfonate
    sodium 1-heptanesulfonate   sodium 1-octanesulfonate
    sodium 1-nonanesulfonate   sodium 1-decanesulfonate
    sodium 1-undecanesulfonate   sodium 1-dodecanesulfonate
    sodium 1-tridecanesulfonate

  - 산성 물질용

    tetramethyl ammonium hydroxide   tetraethyl ammonium hydroxide
    tetrapropyl ammonium hydroxide   tetrabutyl ammonium hydroxide
    tetrabutyl ammonium chloride

(ⅱ) LC/MS용 이온쌍시약 예
  - 알칼리성 물질용

    trifluoroacetic acid   pentafluoropropionic acid

heptafluoropropionic acid　nonafluorovaleric acid

undecafluorohexanoic acid　tridecafluorogeptanoic acid

perfluorooxtanoic acid

- 산성 물질용

diproptlammonium acetate　dibutylammonium acetate

diamylammonium acetate　dihexylammonium acetate

　이온쌍시약은 그 이름대로 시료와 이온쌍을 형성하는 시약이다. 그 때문에 시료가 산성물질 때에는 전하가 반대인 알칼리성의 이온쌍시약(메이커 표시에서는 산성 물질용이 되고 있다)을 이용한다. 시료가 알칼리성 물질 때에는 산성의 이온쌍시약(메이커 표시에서는 알칼리성 물질용이 되고 있다)을 이용한다.

　산성 물질용, 알칼리성 물질용 각각 시약의 크기의 차이(탄소 사슬 길이의 차이)에 의한 선택이 가능하다. 탄소 사슬 길이가 큰 이온쌍시약을 이용하는 만큼 시료의 보관유지는 강해진다. 그 때문에 비교적 분자량이 작은 시료일 때에는 탄소 사슬 길이가 큰 시약을 이용하는 것으로 충분한 보관유지를 얻을 수 있다. 선택한 이온쌍시약에서는 보관유지가 너무 강하거나 너무 약할 때는 이동상의 유기용매 조성을 변경하든가 혹은 이온쌍시약의 종류를 변경하는 것으로 보관 유지력의 조절이 가능하다.

　이온쌍시약의 농도는 5mmol정도가 일반적이다. 이온쌍시약 10mL1개를 1L에 희석하는 것만으로도 5mmol가 되도록 조제되고 있는 이온쌍시약도 시판되고 있다.

　LC/MS를 사용할 때는 LC/MS용 이온쌍시약을 이용한다. 시판의

LC/MS용 이온쌍시약은 일반의 이온쌍시약과는 달리 휘발성이 높은 것이 사용되고 있다. 그 때문에 LC/MS의 인터페이스상에 있어서의 염석출의 오염이 없고 연속적인 분석이 가능해진다.

e. 유도체화 시약

HPLC 분석을 실시하는 때에 시료를 그대로 장치에 주입하는 것만으로 좋은 분석결과를 얻을 수 있는 것이 이상이지만 실제로는 아래와 같은 이유에 의해 시료의 유도체화 즉 시료에 어떠한 시약을 반응시키는 것이 필요한 경우가 생긴다.

(ⅰ) 시료 유도체화의 필요성
- 자외 또는 가시 흡수검출기로 분석할 때 시료에 흡수가 없어 검출할 수 없을 때
- 형광검출기를 이용해 고가도 분석을 실시하고 싶을 때
- 광학이성체 분리용 컬럼을 사용하지 않고 광학이성체 분리기를 실시하고 싶을 때
- 시료의 보관유지나 분리를 개선할 필요가 있을 때

이와 같이 필요에 따라서 또는 목적에 따라 시료의 유도체화를 실시한다. 유도체화 시약은 그 목적에 따라 시약의 종류가 다르다. 예를 들어 시료의 감도를 증강하는 목적으로 유도체화할 때는 대응하는 검출기에 맞는 시약을 선택한다. 범용적인 자외흡수 검출기를 이용할 때는 자외 검출용 유도체화시약을 선택한다. 똑같이 가시 검출용 유도체화시약, 형광 검출용 유도체화시약 등 목적에 따라 선택한다.

유도체화 시약은 시료와 화학결합 반응을 시키는 것이므로 반응에 적절한 관능기가 필요하다. 반응시키는 관능기 즉 시료가 가지는 관능기에 대응한 유도체화시약을 선택해 사용한다. 유도체화시약으로서 카르복실기용, 아미노기용, 하드록실기용, 카르보닐기용 등이 시판되고 있다.

(ii) 유도체화시약 예
- 자외 흡수 검출용
    - 카르복실기용(-COOH)   - 아미노기용(-NH_2)
    - 히드록실기(-OH)   - 카르보닐기용(-C=O)
- 형광 검출용
    - 카르복실기용(-COOH)   - 아미노기용(-NH_2)
- 하드록실기용(-OH)
- 카르보닐기용(-C=O)
- 메르캅토기용(-SH)

(iii) 프리컬럼법과 포스트컬럼법

유도체화법에는 크게 나누어 프리컬러법과 포스트컬럼법의 2개가 있다. 시료를 컬럼 주입 전에 반응시키는 것이 프리컬럼 유도체화법, 시료가 컬럼을 통과한 뒤에 반응시키는 것이 포스트컬럼 유도체화법이다. 각각 장점과 단점을 가지고 있지만 시약 선택이라고 하는 점으로부터 생각하면 프리컬럼 유도체화법 쪽이 사용 가능한 시약의 종류가 훨씬 풍부하고 시약의 사용량도 적기 때문에 유리하다고 말할 수 있다. 포스트컬럼 유도체화에서는 시약을 용매에 용해해 펌프로 장치 내에 보내 온라인으로 시료와 반응시킨 후 가시·자외형광 등 검출기에 대응한 검출을 실시한다. 이

때문에 시약이 검출기를 상시 통과하고 있는 것이므로 시약 자체가 검출되지 않는 것이 중요해 그러한 시약을 선택하지 않으면 백그라운드가 높아져 분석할 수 없게 된다. 이와 같이 포스트컬럼 유도체화에 이용하는 시약에는 시료와 반응할 때까지는 발색·형광능 등을 가지지 않는 것이 조건이 되기 때문에 시약의 종류가 한정된다.

3

HPLC 기기 분석법

(1) 서론

크로마토그래피(chromatography) 란 기체나 액체인 이동상과 고체나 액체인 고정상 사이에서 시료가 분리되는 것을 주로 하는 방법으로서, 모든 형태의 크로마토그래피는 시료성분이 선택적으로 고정상에 머물렀다가 점차적으로 이동하는 분리과정이다. 이때 고정상은 활성 고체(active solid)이거나 고정상 액체(immobile liquid)이며, 이동상은 고정상을 손상시키지 않으면서 시료를 이동시킬 수 있는 액체나 기체이다. 액체 크로마토그래피(LC)는 이동상으로서 gas를 사용하는 기체 크로마토그래피(GC)에 반해 이동상으로 액체를 사용하는 크로마토그래피 인데, 혼합물을 이루고 있는 각 성분이 두상(고정상과 이동상)에 대해 서로 다른 용해도를 가지고 있어 분리되는 화학적 분리방법이다.

1) 역사적 배경

크로마토그래피는 "색"(color)을 "쓴다"(write) 는 뜻의 그리이스어원으로부터 나온 것으로 이는 초기 실험의 대상물질이 주로식물 색소였기 때문에 붙여진 것이다. 크로마토그래피의 역사적 첫실험은 1903년 소련의 식물학자 Tswett가 식물잎의 엽록소를 이눌린을 충진시킨 관과 petroleum ether 용매로 분리시킨 것으로 액체 크로마토그래피의 출발이었으나, 그 후 오랫동안 화학자들로부터 외면당하다가 색깔을 갖지 않는 시료에도 원리상 적용 가능함을 알게된 후 여러 가지 면에서 많은 진전을 보게 되었다. 단지 분리방법으로서만 시작된 크로마토그래피에 이론 및 장치면의 발전과 함께 분리가 어려운 혼합물의 분리, 검출, 정량까지도 가능하게 되었다.

오늘날의 LC는 1970년대에 와서 발전되었으며, 그 분리성능으로 HPLC(High performance Liquid chromatography) 라고 부르기도 한다.

2) 최신 LC와 고전 LC 및 GC의 비교

1930년 Tswett의 실험이래 크로마토그래피는 여러 가지 면으로 발전되어 왔으나, 실제적으로 LC가 분석화학에서 중요한 자리를 차지하게 된 것은 최근의 일이다. 왜냐하면 1970년 이전 LC는 시간적으로나 분리결과로 볼 때 많은 단점을 가졌기 때문이다. 그러나 LC colum 및 장치가 개발됨으로 최근 LC는 짧은 시간내, 정확도를 갖고 좋은 분리결과를 얻을 수 있게 되었고 또한 컴퓨터의 사용으로 실험이 자동화 될 수 있는 장점을 갖게 되었다. 따라서 1970년대 이전의 LC는 고전 LC라고 부르며, 그이후의 LC를 최신 LC라고 부른다.

특히 최신 LC는 HPLC (High Perfomance Liquid Chromatography)라고

부르는데 이는 앞의 장점을 뜻하는 명칭이다. 또한 HPLC의 P를 압력(pressure)으로 쓰는 경우도 있는데 이는 최신 LC가 고전 LC와 달리 고압하에서 분리가 이루어지기 때문에 이같은 명칭을 사용하기도 한다. 최신 LC와 고전 LC를 비교하여 보면 다음과 같다

- 고전 LC
    a. 장점 : 장치가 염가로 가능하다
        실험법이 간단하다.
        일반 분리실험으로 좋다.
    b. 단점 : 분리시간이 길다.
        분리도(resolution) 가 낮다.
        정확한 정량이 어렵다.

- 최신 LC
    a. 장점 : 분리시간이 짧다 (보통 분 단위임).
        분리도가 높다.
        정확도가 크다.
        감도가 크다 (보통 10^{-9}g 정도임).
    b. 단점: 기기가 비싸다.
        실험법을 익히는데 숙련이 필요하다.
        만능이며 감도가 큰 검출기가 없다.
        실험을 수행하는데 운영비가 든다.

최신 LC가 개발됨에 따라 LC는 GC와 함께 모든 혼합시료의 분리가

가능하게 되었다. LC는 GC보다 활용성이 더 큰데 그 이유는 몇 가지 항목으로 나누어 설명할 수 있다. 첫째, 대상 시료의 20%를 GC로, 80%를 LC로 다룰 수 있다. 즉 시료가 비활성이거나 열에 대한 안전성이 없는 시료도 LC에서는 가능하며, 이온성물질이나 분자량이 큰 생물화학물질 및 고분자까지도 대상이 된다. 둘째, LC는 분류에서 볼 수 있듯이 GC보다 그 방법이 다양하다. 즉 고정상도 이동상도 다양하므로 시료의 분리가 용이하다는 뜻이다. 셋째, LC는 GC보다 많은 검출기가 있어 시료에 따라 선택적이며 예민도가 큰 검출기를 이용할 수 있다는 장점이 있다. 거의 모든 분광 분석 및 전기화학 분석분의 모든 기기와 질량 분석기가 LC의 검출기로 이용될 수 있다. 넷째, 분리된 성분을 순수하게 회수할 수 있다는 점이다.

3) LC의 분류

LC는 실험방법에 따라 관을 사용하는 column 법과 판을 사용하는 plane법으로 나눈다. 관을 사용하는 column법은 분리성능, 정밀도 및 정확도가 좋아 정성 및 정량분석에 주로 쓰이며, 판을 사용하는 Thin Layer Chromatography(TLC)와 Paper Chromatography(PC)는 주로 정성분석에 쓰인다.

LC는 사용하는 고정상의 상태에 따라 Liquid Solid Chromatography(LSC)와 Liquid Liquid Chromatography(LLC)로 나눈다. LSC는 흡착으로 인한 분리 메카니즘을 가지므로 고정상이 흡착적인 경우이며, LLC는 왁스와 같은 액체상이 고체 지지체에 물리적으로 붙어 있는 경우로 분배에 의해 분리된다. LLC의 단점을 보완하여 액체상을 지지체에 화학결합으로 붙여 사용하는

Bonded Phase Chromatography(BPC)가 1970년대에 들어 개발되어 크게 활용되고 있다. 고정상이 이온교환수지인 경우를 Ion Exchange Chromatography(IEC)라 하는데 1940년 후반에 발전된 이것의 분리 메카니즘은 이온교환이며, 핵분열 생성혼합물의 분리 및 회토류원소 분리에 많은 공헌을 하였다. IEC와 같이 이온성 시료분리에 이용되는 방법으로 Ion Pair Chromatography(IPC)가 있는데 IEC의 제한성을 극복한 방법이다.

시료를 분자크기에 따라 분리시키는 방법으로 Size Exclusion Chromatography(SEC)가 있는데 여러 가지 크기의 다공성 gel을 고정상으로 사용한다. 이 gel이 수용성인 경우를 Gel Filtration Chromatography(GFC)라 하며 비수용성인 경우를 Gel Permeation Chromatography(GPC)라 한다.

(2) 기초이론 및 용어

주어진 시료에 대하여 성공적인 LC분석을 수행하려면 실험조건 즉 컬럼충진제의 형태, 용매의 선정, 컬럼의 길이 및 내경, 컬럼의 작동압력, 분리온도, 시료의 주입량 등을 올바르게 선택할 수 있어야 한다. 즉 최적 LC분리를 위하여 기본적인 몇가지 인자들에 대한 이해를 필요로 하므로 LC분석에 수반되는 기초적인 개념에 대하여 설명하고자 한다.

1) 기초이론

- Differential Migration

LC에서의 Differential Migration은 한 컬럼을 통과하는 서로 다른 화합물들의 이동속도의 변화에 기인한 것으로 고정상과 이동상 사이에 각 성분들의 평형 분배에 의존한다. 그러므로 Differential Migration은 실험적인 변수 즉 이동상의 조성, 고정상의 조성 및 분리온도에 의해서 결정된다. 우리가 분리를 좋게 하기 위하여 Differential Migration의 변경을 원할 때 이들 세 변수 중 하나를 변화시켜야만 한다.

- Spreading of molecules

그림 (a)는 컬럼의 윗부분에 시료분자를 막 주입한 상태이다. 이때 시료분자들은 매우 좁은띠를 형성한다. 그러나 용매를 따라 컬럼내를 이동하면서 서서히 퍼지게 된다. 분자의 퍼짐을 일으키는 네과정 중 하나가 그림 (b)이며 이러한 과정을 eddy diffusion이라 한다. 이러한 현상은 컬럼내에서 용매의 흐름이 다르기 때문에 일어난다. 즉 시료분자들이 충진제층을 통과하는 길이 서로 달리 일어난다. 충진제 입자간의 거리가 넓은 곳에서는 용액이 더 빨리 흐르고 거리가 좁은 곳에서는 느리게 흐르므로, 주어진 시간에 컬럼을 통과해서 이동하는 시료분자는 넓은 곳에서 더 빨리 이동하게 되고 좁은 곳을 통과하는 시료분자들은 그만큼 덜 이동하는 것이다. 이와같은 eddy diffusion현상으로 그림 (a)에서의 초기 좁은띠를 더 넓히는 결과를 초래한다. 그림(c)에서 보여지는 것과 같이 분자의 퍼짐에 기여하는 두 번째 과정은 이동상의 질량이동이다. 이것은 용매가 흐르는 하나의 길에서 서로 다른 부분으로 흐르기 때문에 기인되는 것이다. 즉 입자에 가깝게 흐르는 용액은 천천히 이동하고 입자와 입자사이 중앙으로 흐르는 용액은 보다 빠르게 이동하게 된다. 이 결과 입자근처에 있는 시료분자들은 짧은 거리를 이동하고, 중앙에 있는 시료분자들은 더 많은 거리를 이동하게 된다. 그러므로 이 과정에 의해 시료분자들은 더 많은 거리를 이동하게 된다. 그러므로 이 과정에 의해 시료분자들의 폭이 더 넓어지게 되는 것이다. 그림(d)에서 보는 것 같이 분자의 퍼짐에 기여하는 세 번째 과정은 stagnant mobile phase mass transfer이다. 다공성인 컬럼 충진제의 경우에서 충진제 입자의 기공내에 포함되어 있는 이동상을 stagnant 또는 unmoving이라고 한다.

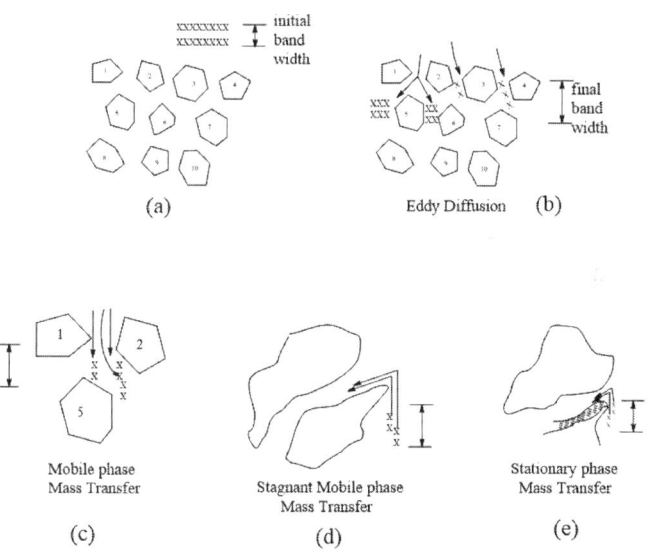

그림 (d)와 같은 기공(pore)에서 시료분자들은 확산에 의해 이 기공들의 안과 밖으로 이동하게 된다. 그러므로 기공내에 있는 시료분자들은 짧은

거리로 확산하게 되어 기공내에 오래 머물게 되는 반면 기공밖의 이동상에 있는 분자들은 짧은 시간동안 머무르게 된다. 이 결과 컬럼을 통해 이동하는 거리가 차이가 나고 분자의 퍼짐이 더 증가하게 된다.

마지막으로 그림(e) 와 같은 고정상의 질량이동 과정이다. 기공내에 확산되어 있는 분자들은 고정상의 내부로 침투하는 현상이 나타난다. 만약 고정상의 내부로 침투하게 되면 더 오랜시간 동안 머물러 있게 된다. 그러므로 분자들은 더 짧은 거리만 이동하게 되므로 시료분자의 퍼짐이 더 넓게 되는 것이다. 결국에 가서는 여러 가지 화합물들이 컬럼의 끝에 도달하고 검출기에 의해서 각 화합물들을 구별하고 그들의 농도를 분리 시간의 함수로써 기록하게 된다. 이렇게 분리된 크로마토그람의 결과는 다음과 같은 네가지 특징으로 설명된다.

첫째로, 종모양의 띠 또는 Gaussian curve형태로 각 화합물이 컬럼을 통과한다.

둘째로, 각각의 띠는 그 화합물임을 확인할 수 있는 특성적인 시간에 컬럼으로부터 나온다. 이와같은 머무름 시간(retention time, t_R)은 시료를 주입한 후 컬럼을 통과하여 band maximum에 이르는데 까지의 시간이다.

세 번째, 특성적인 특징은 인접된 띠들사이 머무름 시간의 차이이다. 즉 이들 차이가 크면 클수록 두 띠의 분리가 쉬워지는 것이다. 마지막으로 각 띠는 띠폭(t_W)에 의하여 특징화된다. 띠폭 (t_W)이 좁고 peak가 클수록 우수한 분리가 이루어 진 것이다.

2) 기초용어

- 분배계수(partition coefficient, K)

시료분자의 이동상과 정지상에 대한 분배비를 분배계수라고 하며, K로 표시한다. K는 각 상에 분배된 시료의 농도비이다. 즉, 이론적으로 말하면 시료중 각 성분이 서로 다른 K값을 갖기 때문에 이동속도가 달라져 서로 각각 분리가 된다.

$$K = C_s/C_M \quad \text{------} \quad (1)$$

따라서 이것은 두 상에 대한 시료 분자의 평형문제이다. 그러나 실제는 시료분자가 컬럼의 상단에 주입된 후 용리가 되는 동안에 K값이 달라진다. 만일 K값이 일정하게 유지된다면 크로마토그램의 각 성분은 띠 모양이 아닌 선 크로마토그램이 될 것이다. 이상적인 크로마토그램을 기대하려면 시료분자의 두 상내에서 확산(diffusion)이 없어야 하는데 이렇게 되기 위해선 컬럼이 이상적으로 충진되어야 한다.

분배계수는 자주 분포계수와 같은 뜻으로 취급한다. 시료의 정지상에 대한 머무름이 흡착일 경우는 분포계수라고 부르며, 분배계수와 구분하는데 분배계수는 주로 GLC나 LLC에 적당한 표현이다. 분배계수를 크로마토그램에서 얻기 위하여는 몇가지 다른 크로마토그래피 파라미터가 필요하다. 먼저 머무름비(retention ratio, R)를 생각해보자.

예를 들어 15cm 길이의 컬럼을 통해 용리액이 용리되는 시간이 15분 걸리는 조건에서 어느 시료 성분은 60분 소요됐다고 가정하면 시료의 용리속도는 용리액의 용리속도의 25% 밖에 안 된다고 풀이할 수 있다. 이와

같이 어느 시료의 평균분자들이 이동상에 머무르는 시간의 분율을 머무름비(R)로 표시한다. 즉,

$$R = \frac{t_M}{t_M + t_s} \quad \text{------------(2)}$$

여기서 t_m과 t_s는 시료가 이동상과 정지상에 각각 머무는 시간을 말한다. 따라서 예의 R값은 R=15/15+45=0.25이다. 만일 시료가 전혀 정지상에 머무르지 않는다면 이 시료는 이동상이 나오는데 요하는 시간과 동일한 것이며 R값은 1이 된다.

분배계수(K)와 머무름비(R)와의 관계를 보면 다음과 같다.

$$\frac{t_s}{t_m} = \frac{C_s \cdot V}{C_M \cdot V} = K(\frac{V_S}{V_M}) \quad \text{..................................}(3)$$

한편 R을 변형하여 (3)식을 대입하면 다음의 관계식을 얻게 된다.

$$R = \frac{1}{1+\frac{t_s}{t_m}} = \frac{1}{1+K\frac{V_s}{V_m}} = \frac{1}{1+K'} \quad \text{..............}(4)$$

여기서 K'는 크기인자 (capacity factor) 라고 부르는 새로운 파라미터로써 K대신 이 K'값을 많이 취급하는데 K'는 시료의 머무름을 좌우한다. 시료의 K'값이 크면 정지상에 분배가 큰 것을 의미한다.

K'는 (4)식에서 알 수 있듯이 두 상의 부피가 같을 경우 K와 같게 된다. 부피비가 다를 경우의 K'와 K의 관계는 (5)식과 같다.

$$K = K' \cdot \frac{V_m}{V_s} \quad \text{...} (5)$$

또한 시료분자의 머무름 부피(V_R)와 이동상의 머무름 부피(V_M) 및 머무름 비(R)와의 관계는 로서 R=V_M/V_R=1/1+k'로서 이 식을 정리하면 실험적으로 중요한 관계식을 얻게 된다. 즉

$$V_R = V_M(1+k') \quad \text{.............................} (6)$$

한편 시료분자의 용리속도 U_s는 이동상의 유속 U에 머무름 비, R을 곱한 것과 같다. ($U_s = U \cdot R$)즉 (4)식의 R을 대입하면

$$U_s = U \cdot \frac{1}{1+K'} \quad \text{...............................} (7)$$

시료분자의 머무름 시간(t_R)은 컬럼의 길이를 L 이라고 할 때

$$t_R = \frac{L}{U_s} = \frac{L}{U}(1+k') \quad \text{........................} (8a)$$
$$t_R = t_M(1+k') \quad \text{................................} (8b)$$

여기서 t_M 은 LC에서의 표현이고 GC에서는 로 t_o 로 표현하는 경우도 있다.

- 상대적 머무름비(Relative Retention Ratio, a)

시료분자의 머무름 시간(t_R)이나 머무름 부피(V_R) 의 절대값은 실제 얻기 어렵다. 왜냐하면 실험조건에 따라 같은 분자의 t_R 이나 V_R 값이 달라

진다. 그러나 미지의 분자를 확인하기 위해서는 기지의 분자가 갖는 t_R 이나 V_R 값과 미지의 분자가 갖는 t_R 및 V_R 의 실험값을 비교함으로서 가능하므로 실제는 다음과 같이 상대적인 머무름의 비(a)를 구하여 정성분석을 한다. a값으로 비교할 경우는 실험 조건이 달라져도 기지의 표준물질의 t_R* 및 V_R* 에 대한 미지 분자의 비이므로 절대치의 t_R 이나 V_R 측정에서 오는 불확실성을 제거할 수 있다.

$$a = t_R-t_M/t_R*-t_M = V_R-V_M/V_R*-V_M = K/K* \quad \text{--------(9)}$$

여기서 a값을 얻기 위해서 표준물질을 시료분자와 함께 주입하여 크로마토그램을 얻는 방법을 택한다.

- 컬럼효율(Column Efficiency)과 이론단수 (Number of Theoretical Plate, N)

앞에서 기술한 이상적인 컬럼의 제작은 사실상 불가능하며, 따라서 시료분자가 평형을 이루는 문제나 두상에서의 확산, 불규칙한 정지상의 모양 및 불완전한 충진으로 일정한 K값을 유지못할 뿐만 아니라 용리시의 물리적인 과정으로 크로마토그램은 띠를 이루게 된다. 그러나 시료분자에 알맞은 정지상을 택하거나 거의 이상적인 컬럼제작이 가능하게 되면 매우 좋은 크로마토그램을 얻을 수가 있는데 이 같은 컬럼은 효율이 크다고 말한다. 좀 더 정량적인 값으로 컬럼효율을 표현하기 위해서 Martin과 Synge는 소위 컬럼단 이론 (plate theory) 을 제시하였다. 즉 "컬럼은 수 많은 정지상 입자의 단(층)으로 충진되었다"는 개념을 도입하고 이론적 단수를 N이라 표시하고 N을 컬럼효율의 척도로 이용하였다. 실험적으로 N값은 띠폭 W와 머무름 시간 t_R을 구한후 (10) 식에서 계산된다.

$$N=16(t_R/W)^2 \text{ ----------(10)}$$

이때 N은 단위가 없고, 실제 크로마토그램을 얻게 되면 기록지에서 t_R이나 W를 cm 재어 계산한다. 한편 (10)식에서 보는 바와 같이 N값은 용리띠의 띠폭(혹은 피이크 폭)의 정도로 나타낸다. 일반적으로 N값은 컬럼의 효율 정도를 정량적으로 표시하는데 이 값이 주어진 실험조건 즉 일정한 정지상, 이동상에서 일정한 유속, 온도 및 동일한 시료주입 조건에서 거의 일정하다. 만일 t_R이 일정하다면 N값이 증가됨에 따라 피크 폭이 좁아지게 되어 좋은 크로마토그램을 얻게 된다.

일반적으로 컬럼효율을 증가시키는 방법은 곧 N값을 크게 하는데 다음과 같이 두 방법이 있다.

- 컬럼의 길이를 증가시킨다.

그러나 이 방법은 용리시간과 용리피크의 퍼짐을 고려해야 한다. 예를 들면 컬럼의 길이가 2배가 되면 N도 2배가 되나 t_R도 2배가 되고 폭 W는 $\sqrt{2}$ 배가 되므로 시간의 문제와 검출기의 감도가 줄어드는 점이 단점이다.

- 정지상 충진물의 입자크기를 작게 한다.

컬럼단이 이론대로 있다고 하면 N값과 컬럼길이 (L)를 알면 가상적인 것이지만 한 단의 높이를 계산할 수 있으며 이 높이는 곧 정지상의 입자의 지름과 같다는 뜻이 된다. 물론 실제 입자의 지름과는 다르지만 이 높이는 용리결과를 조정하는데 중요한 값이 된다. 이 가상적인 단위 높이는 용리결과를 조정하는데 중요한 값이 된다. 이 가성적인 단위 높이를 이론단 해당높이(Height Equivalent to a Theoretical Plate, HETP)라고 부르며 H로 표시하는데 관계식은 다음과 같다.

$$H = L/N = L/16(W/t_R)^2 \quad \text{-----------(11)}$$

N값에 영향을 주는 요인을 열거하면 다음과 같다.
- 컬럼제작 방법
- 시료의 화학적 및 물리적 특성
- 이동상인 용매의 유속
- 분리온도
- 시료주입 방법

− 분리도(Resolution, R_S)

분리도는 인접되는 성분들간의 분리된 정도를 정량적으로 나타내는 값이다. 가장 좋은 결과라고 하면 R_S값이 큰 것을 의미한다. 즉 큰 N값, 작은 H 및 좋은 피이크 폭 W를 갖는 크로마토그램을 보여주어야 한다.

일반적으로 R_S값을 측정하는데 두가지 방법이 있다. 첫째는 한 성분의 피크가 완전히 바탕선까지(baes line) 까지 내려온 후 다른 성분의 피크가 생긴 경우인데 다음 식으로 계산한다.

$$R_S = 2(t_{R2} - t_{R1})/W_1 + W_2 \quad \text{-----------(12)}$$

R_S값이 1.5이상일 경우를 완전분리 혹은 바탕선 분리라고 부르며, 1.0인 경우는 두 성분이 각각 2%씩 중첩되어 있는 상태의 분리를 의미한

다. 그러나 서로 성질이 비슷한 성분들을 용리할 경우 R_S가 1.0되기는 비교적 어렵다.

둘째는 R_S가 1.0이하로 분리된 크로마토그램에서 R_S를 측정하는 방법이다. 이 경우는 대략적인 R_S만 추정할 뿐 정확한 R_S를 계산하기는 어렵다. 실제로 사용하는 방법은 대표적인 두 표준물질을 선택하여 여러 R_S값을 가졌을 때의 크로마토그램을 만들어 표준분리도 곡선으로 택한 후 미지 시료의 크로마토그램을 표준곡선과 비교하여 가장 비슷한 곡선의 R_S값을 미지시료의 R_S값으로 추정한다.

한편 분리도는 두 성분의 농도비에 따라 모양이 매우 달라진다.

같은 R_S값에서도 농도비가 클수록 분리곡선이 모호해진다. 따라서 크로마토그램을 정확히 해석하고, 평가하기 위해서는 결론적으로 R_S는 최대로 커야한다.

분리도의 추정이나 계산은 앞에서 기술한 방법으로 가능하지만 R_S값이 작은 분리결과를 얻었을 때 어떻게 실험조건을 조정하여 좋은 분리를 얻느냐 하는 것은 크로마토그래피의 중요한 과제이다. 이를 위한 일반적인 원칙을 알고 있으면 쓸데없는 시행착오시기의 실험을 피할 수가 있어 시간적으로나 경제적으로 유익하다.

분리도에 영향을 주는 기본요인은 분리인자(a), 이론단수(N) 및 크기인자(k')인데 이들은 서로 독립적으로 R_S값에 영향을 준다. 따라서 분리도를 결정짓는 관계식은

$$R_S = 1/4(a-1)\sqrt{N}(k'/1+k') \text{ ----------(13)}$$

과 같다. 식 (13)은 R_S 값이 1.0이하일 경우에 적용되는 것으로 두 성분

의 머무름 시간이 거의 비슷하고, 용리띠의 폭(W)도 비슷하다고 가정하고 유도한 식이다. 각 항을 조절하기 위한 실험조건을 주로 LC에 관하여 간단히 요약하면 다음과 같다.

- a항 : 주로 이동상(용매)의 조성
- N항 : 컬럼길이, 이동상의 유속, HETP값
- k'항 : 용매의 강도(solvent strength)

(3) 장치(Equipment)

최신 LC는 복합한 혼합물의 효과적인 분리와 정확한 정성, 정량자료를 얻기 위해 종전의 고전적 LC와는 다른 좀 더 복잡하고 세밀한 장치를 필요로 한다. 가격면이나 기능면에서 뛰어난 이점을 가지고 있는 기종이 끊임없이 개발되어 시판되고 있으므로 어떤 것이 가장 좋은 기종인지 결정하기는 어려우나 중점을 두는 문제 혹은 기기 사용의도 등을 고려하여 판단할 수 있다. 이렇게 접근하여 선택한 LC장치와 효율 좋은 column이 조화를 이루어야 분리기능이 좋은 정확한 결과를 얻을 수 있다. 일반적 LC장치의 모형을 보면 다음 그림과 같다.

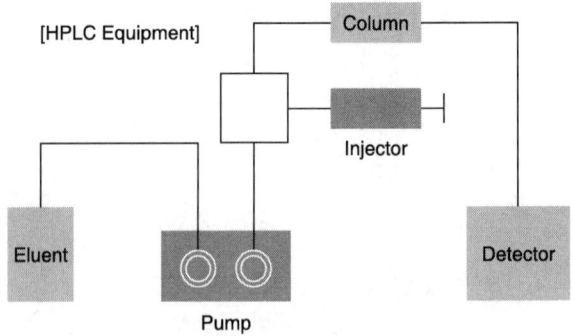

1) Pump

많은 분석 기기들이 제작된 구조나 재질에 따라서 그 기능의 차이가 생기고 가격과 수명에 영향을 미치는 것은 자명한데 특히 HPLC의 경우에는 더욱 그렇다고 할 수 있다. 왜냐하면 정확하고 정밀한 분리 및 분석을 하기 위해서는 빠른 시간내에 정확하고 반복성이 있는 retention time 을 얻어야 한다. 이것을 성취하려면 안정된 flow rate를 유지해 줄 수 있는 좋은 pump를 갖춰야 한다.

GC에서는 확산력이 큰 기체가 이동상으로 사용되고 HPLC의 그것에 비해 큰 column packing이 사용되기 때문에 비교적 문세섬이 작으나 HPLC에서는 고압으로 액체를 작고 밀집되어 있는 column packing사이를 통과 시켜줘야 하기 때문에 pump의 기능이 상당히 크다.

지난 20여년 동안 HPLC의 제작기술이 발달됨에 따라 Pump의 발달도 동시에 이뤄졌는데 현재의 경향은 motor로 piston을 작동시키는 reciprocating pump를 쓰는 것이다. 이런 pump는 사용의 용이성, 경제성, 고압작동 가능성, 용매교환의 용이성, 재현성 있는 flow성취 등의 장점이 있다. Reciprocating pump를 분류하면 piston의 수에 따라 single piston pump (예 : Beckman, Altex, Varian등)와 dual piston pump (예 : Waters)로 나눌 수 있다. Single piston pump에서는 pulse를 피할 길이 없고, flow rate에 따라서 pulse가 많이 생기는 것은 당연하다. Pulse가 생기며 baseline의 noise가 커지고 detection limit가 높아져서 분석하는데 다소 문제가 생기는 것이 흠이나 dual piston pump에 비해 제작비가 싸다. 이와 반대로 dual piston pump에서는 pulse-less flow를 얻을 수 있어서 single piston pump보다는 훨씬 좋은 분석결과를 얻을 수 있다. 특히 비원형 cam을 사용하는 제품 (예 : Waters)은 pulseless flow를 용이하게 얻을 수 있다.

　HPLC의 pump작동은 frequency oscillator에서 stepping motor gear 또는 cam plung의 순서로 signal이 전달되어 pumping작용을 하게 된다. Signal의 형태가 frequency oscillator에서 부터 plunger의 작동이 정확성 및 정밀성을 유지하기 쉬우나 cam을 써서 digital digital analog digital 의 형태로 signal이 바꿔질 때에는 (예 : Beckman, Varian) signal 변형을 두 번씩 겪어야 함으로 정확성 및 정밀성을 상실할 우려가 크다. 일반적으로 gear가 cam보다 mechanical motion의 control이 정확하고 torque efficiency가 높은 때문이다. 이런 이유로 수명도 gear가 cam보다는 길다.

　HPLC를 사용하여 혼합물을 분리할 경우에 용매조성, 온도, flow rate 등의 조건을 변화하면서 분석을 하느냐 변화하지 않고 분석을 하느냐에 따라 gradient와 isocratic mode 로 분류할 수 있다. Isocratic mode를 사용하여 분석을 수행할 때는 모든 조건이 분석도중 변하지 않으나 gradient mode 를 사용할 때는 조건의 변화가 분석도중에 발생하므로 pump의 구조나 mixing을 하는 pump의 수효 및 mixing chamber 의 형태, mixing 형식 등이 문제가 된다. Gradient mode를 수행할 때 사용되는 pump의 수효대로 분류를 하면 multi pump(예 : Dupont, Spectra, Physics 등) gradient 로 나눌 수 있다.

　Gradient mode에 따라 linear, concave 등으로 분류할 수 있는데 Waters 제품의 경우는 다양한 mode를 선택할 수 있다. 다른 제품들의 경우엔 stop gradient mode 로 concave, convex mode 를 대치하나 step gradient mode는 그 자체가 소요시간이 길고 재현성이 낮아 널리 이용되지 않고 있다.

　Chromatography 에서 좋은 분리를 달성하기 위해 경우에 따라서는

recycle 의 원리를 이용해야만 할 때가 있다. Recycle이라 함은 column에서 분리가 된 물질들이 detector 를 거친 후 waste나 collector 로 가기 전에 다시 column으로 들어가서 재분리되는 것을 말한다. 필요하면 2회 이상 수회 반복을 요할 때도 있다. 그런데 pump의 구조에 따라 pump로 먼저 들어간 부분이 pump를 떠날 때 먼저 나오고 나중에 들어간 부분이 나중에 나오는 즉 pump를 통과하는 동안 분리된 물질들의 순서가 바뀌지 않는 FIFO(first-in first-out) system(예 : Varian, Beckman등)이 있다.

2) Injector

Injector는 시료를 LC column으로 적절하게 주입시킬 수 있어야 한다. 또한 peak broadening을 무시할 수 있도록 좁은 plug에 주입되어져야 하고, 사용하기에 편해야 하고, 좋은 재현성과 함께 높은 back pressure에서도 작동할 수 있어야 한다.

위와 같은 조건을 만족시키는 여러가지 injector가 있는데 그 각각을 살펴보며 다음과 같다.

* septumless syringe injector는 높은 압력에서도 시료가 새지 않게 되어 있다. * syringe injector는 가장 간단한 형태의 시료 주입구로서 1500 psig의 압력까지 견딜 수 있는 microsyringe로 septum을 통해 압력있는 column으로 시료를 주입시킨다. 재현성은 그리 좋은 편이 아니며(>2%), septum을 통한 바늘의 반복된 주입으로 인해 column inlet이 막힐 수가 있다. 이렇게 되면 column의 압력이 올라가고 효율이 떨어져 비대칭 모양의 peak를 얻게 된다. * micro-sampling injector valve는 최신 LC에 가장 널리 흐름을 멈추지 않고 높은 압력의 column에 시료를 재현성 있게 주입시킬 수 있다. Operator가 관여하지 않고 수많은 시료가 일률적으로 분

석되는 automatic injector도 있는데, 이것은 시료를 담은 vial이 needle/plunger의 아래에 있어 injection valve가 돌아가면서 시료를 자동적으로 주입시키는 장치이다.

3) Detector

LC에 사용되는 검출기는 column을 통과해 나오는 시료의 유무와 양을 민감하게 나타낼 수 있어야 하는데, 요구되는 이상적 특성은 다음과 같다.

- 감도가 높아야 하고,
- 모든 용질에 감응해야 하며,
- 넓은 농도 범위에서 linear response를 나타내야 하며,
- 온도나 이동상 흐름의 변화에 영향을 받지 않고 독자적으로 감응해야 하며,
- extra column broadening을 일으키지 않고,
- 사용하기에 간편하고 신빙성이 있어야 하며,
- 용질양의 증가에 대해 비례적인 증가를 보여야 하며,
- 용질에 의해 손상되지 않고,
- 검출된 peak에 대해 정량적인 정보를 줄 수 있어야 하며,
- 빠른 response를 가져야 한다.

위와 같은 조건들을 만족시키는 여러가지 검출기가 많이 쓰이는데 그 각각을 살펴보기로 하자.

- Ultraviolet(UV) Absorbance Detector

자외선 검출기는 HPLC detector로 가장 널리 쓰이는 것인데, Hg 또

는 D_2 lamp를 광원으로 하여 flow cell을 지나는 시료의 흡광도를 측정하며, 이 흡광도는 Beer's law에 따라 나타난다. 파장은 측정할 시료에 따라 선택할 수 있으므로 측정하고자 하는 시료의 구조나 광화학적인 성질을 알아 선택하여 쓴다.

많은 유기 화합물들이 254nm에서 크게 흡광을 하므로 254nm파장이 가장 널리 쓰이고 있는데, 이 파장에서 UV검출기를 쓸 수 있는 최소한의 조건은 비공유 전자쌍을 가지고 있는 구조에 붙어 있는 2중 결합 발색단이 있는 것이다. Carbohydrate, olefins과 같이 이중결합 하나를 가지고 있는 화합물은 215nm이하에서 감응하고, alkyl bromides, 황 함유 화합물등은 220nm이하에서 검출된다. 일반적으로 UV를 흡수하지 않는 것으로 알려진 cholesterol은 205nm에서는 쉽게 검출되나 215nm에서는 아주 약하게 보인다. 그러므로 적절한 파장의 선택이 아주 중요한 요인이 된다.

UV검출기는 감도가 높고 linear response 범위가 넓으나 UV흡수성을 갖는 시료에만 사용할 수 있는 제한이 있다.

대표적인 화합물의 최대 흡수파장을 다음 표에 열거하였다.

ELECTRONIC ABSORPTION BANDS FOR REPRESENTATIVE CHROMOPHORES

Chromophore	System	λ_{Max}(nm)	ε_{Max}	λ_{Max}(nm)	ε_{Max}
Ether	—O—	185	1000		
Thioether	—S—	194	4600	215	1600
Amine	—NH$_2$	195	2800		
Thiol	—SH	195	1400		
Disulfide	—S—S—	194	5500	255	400
Bromide	—Br	208	300		
Iodide	—I	260	400		
Nitrile	—C≡N	160	—		
Acetylide	—C≡C—	175 — 180	6000		
Sulfone	—SO$_2$—	180	—		
Oxime	—NOH	190	5000		
Azido	〉C=N—	190	5000		
Ethylene	—C=C—	190	8000		
Ketone	〉C=O	195	1000	270 — 285	18 — 30
Thioketone	〉C=S	205	strong		
Esters	—COOR	205	50		
Aldehyde	—CHO	210	strong	280 — 300	11 — 18
Carboxyl	—COOH	200 — 210	50 — 70		
Sulfoxide	〉S→O	210	1500		
Nitro	—NO2	210	Strong		
Nitrite	—ONO	220 — 230	1000 — 2000	300 — 4000	10
Azo	—N=N—	285 — 400	3-25		
Nitroso	—N=O	302	100		
Nitrate	—ONO$_2$	270 (shoulder)	12		
	—(C=C)$_2$ (acyclic)	210 — 230	21,000		
	—(C=C)$_3$	260	35,000		
	—(C=C)$_4$	300	52,000		
	—(C=C)$_5$	330	118,000		
	—(C=C)$_2$ (alicyclic)	230 — 260	10,000 — 20,000		

Chromophore	System	λ_{Max}(nm)	ε_{Max}	λ_{Max} (nm)	ε_{Max}	λ_{Max} (nm)	ε_{Max}
	C=C—C=C	219	6,500				
	C=C—C=N	220	23,000				
	C=C—C=O	215-250	10,000-20,000			300-350	
	C=C—NO$_2$	229	9,500				
Benzene		184	46,700	202	6,900	255	17
Diphenyl				246	20,000		
Naphthalene		220	112,000	275	5,600	312	17
Anthracene		252	199,000	375	7,900		
Pyridine		174	80,000	195	6,000	251	1,700
Quinoline		227	37,000	270	3,600	314	2,750
Isoquinoline		218	80,000	266	4,000	317	3,500

- Refractive Index(RI) Detector

UV검출기 다음으로 많이 쓰이는 검출기는 굴절율 검출기로서, 이는 reference가 되는 순수한 이동상과 column effluent의 굴절율이 크게 차이가 나는 것을 써야 한다.

Detector cell은 reference부분과 시료부분으로 나뉘어져 있으며, 광원으로 부터 detector cell을 통과한 빛이 렌즈에 모여 photodetector로 간다. 이때 시료 cell에 흐르는 이동상의 조성이 변하면 굴절율에 변화가 생기고 따라서 photodetector에 이르는 빛의 위치가 전향하게 된다. 이 차이가 전기적 신호로 기록계에 기록이 되어 측정된다. RI검출기는 어떤 용질이라도 검출할 수 있는 다양성이 있으나, sensitivity는 뛰어나지 않아 미량분석에는 쓰이지 않는다. 온도변화에 극히 민감하므로 효율적인 heat exchanger가 필요하며 굴절율의 변화가 일어나는 gradient elution에는 사용이 곤란하다.

- 형광 검출기(fluorescence detector)

대칭적으로 conjugate되어 있고 이온성이 별로 크지 않은 화합물은 가끔 형광을 발한다. 이러한 물질을 검출하기에 적당한 것이 형광 검출기인데 이는 일반적으로 널리 쓰이는 것은 아니나, 미량 성분의 선택적 검출에 적당하며 약학, 생물학, 음식물 등의 분석에 주로 사용된다.

형광 검출기는 두개의 filter가 필요하다. 첫번째 filter는 excitation filter로서 여기된 파장을 통과시키며, 두번째 filter는 emission filter로서 여기된 파장을 끊어 방출된 파장만 통과시킨다. 이것이 PM tube에 도달하여 radiation을 측정하게 된다.

Absorption detector가 농도에 따라 비례적으로 감응하는데 비해 형광 검출기는 그렇지 못하므로 정량분석을 할 경우에는 linear dynamic range를 정해야 한다. 농도가 아주 적거나 시료의 양이 극히 적은 미량 분석에 많이 쓰이고, 온도나 압력 변화에는 큰 영향을 받지 않는다.

- 기타 검출기

이상에서 언급한 검출기 이외에도 측정시료의 특성에 따라 선택할 수 있는 여러가지 검출기가 있다. 1) 사용하는 특정 파장을 흡수하지 않는 이동상을 써서 공통적인 기능을 갖는 macromolecule분석에 쓰이는 infrared photometer가 있는데, 150℃까지의 온도에서 안정되게 작동하는 cell을 사용하므로 큰 장점이 되고 있으나 이동상이 사용하는 파장에서 충분하게 빛을 투과시켜야만(최소한 30%의 투과)사용할 수 있는 제한성도 있다. 2) mercaptan이나 hydroperoxides같이 UV로는 검출되지 않는 화합물을 검출하는 electrochemical detector는 이동상이 전기전도성을 가져야 하는 제한성이 있으나 분리에 큰 영향을 주지 않는 염(salt)을 이동상에 가하여 사용할 수도 있다. 선택성과 감도가 높아 복합물속의 기지물질 미량 분석에 응용된다. 3) radioactivity detector는 radioactive solute를 Geiger counting system이나 scintillation system을 통해 검출할 수 있다. 4) conductivity detector는 이온성 용질을 수용성 이동상에서 검출하는데 이는 온도에 민감하므로 온도를 주의깊게 조절해 주어야 한다.

4) Data 취급장치

현대 LC를 사용한 분리는 분리된 결과를 빠르고 정확하게 관찰할 수 있는 상치를 필요로 한다. 단순히 peak만 그릴 수 있었던 strip chart recorder에서 부터 microprocessor 또는 computer를 이용하여 자동적으로 처리, 조절되는 data handling system까지 개발되어 있다. 여기에는 기기의 모든 parameter를 조절할 수 있는 microprocessor가 포함되어 있어서 isocratic이나 gradient output, data processing, data printout에 이르기까지의 모든 과정을 연속적으로 조절할 수 있다.

5) Column

현대 LC의 개발은 그 분리가 일어나는 고정상의 개발과 함께 이루어졌다고 볼 수 있다. Van Deemter의 식에서 본 바와 같이 고정상 입자의 크기, 두께, 모양 등이 peak broadening에 영향을 미친다

아래의 그림에서 보듯이 얇은 층으로 된 고정상이 시료와는 무관한 고체 알갱이(solid core)표면에 붙어 있는 것을 superficially porous particle이라 하며, 입자 전체가 다공성을 가지며 시료에 대해 고정상 역할을 하는 것을 totally porous particle이라 부르고, 이를 더 작게 만든것을 very small totally porous particle이라 한다.

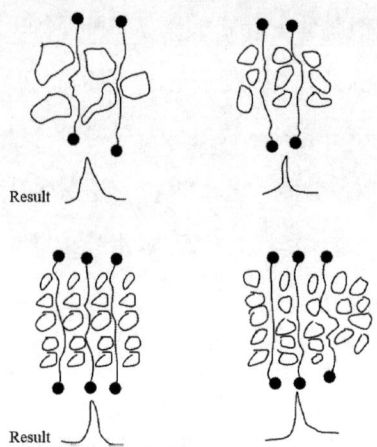

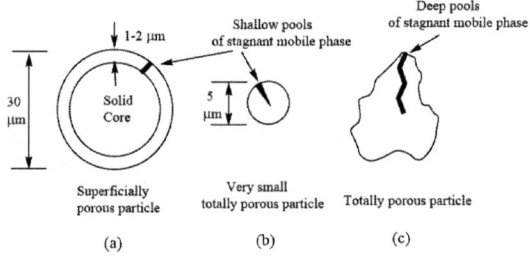

고정상 입자를 분류하면 다음과 같다.

- 입자의 연성에 따라

  견고한 고체: LLC, LSC, GPC용

  딱딱한 젤: IEC, GPC용

  부드러운 젤: GPC용

- 입자의 모양에 따라

  구형

불규칙한 모양
- 입자의 모양에 따라

    Totally porous

    Superficially porous

- 입자의 크기에 따라

    Macro : 50㎛이상

    Intermediate : 20~50㎛

    Micro : 10㎛±2

6) 용매(solvent)

LC는 이동상으로 액체를 사용하는 만큼 분리에 영향을 미치는 용매의 선택에 유의해야 하는데, LC에 사용되는 용매는 다음과 같은 점을 고려해야 한다.

- 고정상을 변화시키지 않아야 하고,
- 용매자체의 peak등이 미량 분석등에 혼란을 초래할 수 있으므로 극히 순수해야 하며,
- detector와 맞아야 하고,
- glass, stainless steel등의 system component와도 맞아야 한다.
- 시료를 녹일 수 있어야 하며,
- 낮은 점도(0.5cps이하)
- 되도록 유독성이 없는 것,
- 시료의 k값이 1-10범위를 갖는 강도의 용매를 사용한다.

(4) High Performance Liquid Chromatography(HPLC)

LC는 사용하는 고정상의 상태에 따라 LSC(Liquid Solid Chromatography)와 LLC(Liquid Liquid Chromatography)로 나눈다. LSC는 흡착으로 인한 분리 메카니즘을 가지므로 고정상이 흡착적인 경우이며, LLC는 왁스와 같은 액체상이 고체 지지체에 물리적으로 붙어 있는 경우로 분배에 의해 분리된다. 이들의 분리 mechanism 및 응용에 관하여 살펴보자.

1) LSC

LC의 유형중 가장 오래된 것이 흡착(adsorption)을 이용한 LSC이다.

고전적 chromatography였던 open column chromatography와 1950년대초 Kichner에 의해 개발되고 Stahl에 의해 널리 사용하게 된 TLC등도 LSC에 속하며, 짧은 시간내에 높은 분리능을 갖게 개발된 modern LC의 LSC도 TLC의 packing과 이동상 조건에 맞추어 분리시킬 수 있다.

－고정상

LSC에 사용되는 고정상은 흡착제로서 흡착체 표면의 active site에 시료가 선택적으로 흡착됨에 따라 분리된다. 이때 시료분자의 극성과 분자의 입체적 구조에 따라 고정상과의 상호작용이 달라지는데, poly-aromatic hydrocarbon, fats, oils 등 유기용매에 잘 녹는 시료가 LSC로 가장 잘 되고, 극성시료나 이온성시료인 경우에는 tailing이 심하고 column의 N값이 낮아지므로 적합하지 않다.

흡착제에는 다공성(porous)물질과 표면 다공물질(superficially porous)이 있다. 다공성 LSC 충진물질은 구형이거나 불규칙한 모양으로 큰 표면적을 가지며 여러범위의 입자크기가 있다. 같은 크기의 입자에서는 다공성 충진물이 표면다공성 충진물보다 침투성이 낮으나 시료용량은 높은 편이다. 표면다공성 충진물질은 glass bead같은 비다공성 solid core에 다공성 물질의 얇은 막을 입힌 것으로 보통 solid core 직경의 1/30~1/40 두께로 coating하며, 작은 부피의 다공성 흡착제를 사용하므로 표면적이 넓지는 않다.

흡착제로는 silica와 alumina가 가장 많이 쓰이는데 이들은 같은 유형의 시료분리에 사용된다. Silica는 그 반응성이 적고 column효율이 높아 alumina보다 많이 쓰이는데, 표면이 hydroxyl group으로 인해 약산성을 띠므로 base에 민감한 화합물분리에 사용되며 acid에 민감한 화합물은 alumina에 사용된다.

-이동상

LSC는 극성흡착제에 비극성에서 부터 극성에 이르는 이동상을 사용하므로 극성이 강한 시료는 흡착제와 큰 작용을 일으켜 peak tailing이 생기거나 아주 늦게 나오게 된다. 흡착평형은 이동상과 solute의 상대적 극성에 따라 이루어진다. 즉 이동상과 고정상간의 상호작용이 셀수록 흡착표면에 대한 solute와 이동상간의 경쟁이 커지게 된다. 또 solute와 이동상간의 상호작용이 클수록 solute는 흡착표면에 덜 붙게 된다.

Solvent strength라 불리는 값은 용매의 강도를 정량적으로 나타내는 것으로 단일 용매를 사용하거나 혹은 혼합용매를 써서 solvent strength를 조절할 수도 있고, solvent programming을 하여 solvent strength를 바꾸어 가면서 분리시키는 경우도 있다.

—분리

Silica흡착제에 phenol과 butyl기가 붙은 phenol을 hexane으로 eluting 시키는 경우, 더 polar한 phenol이 silica와 작용하여 더 늦게 나오게 된다. 이는 흡착제가 극성이고 이동상이 덜 극성인 normal phase의 LSC인 경우이며, 분자간의 dipole-dipole interaction, dispersion, London force등에 관계된다.

Silica에 C_{18}이 붙은 bonded packing은 nonpolor이고 이동상이 극성인 reverse phase에서는 덜 polar한 시료가 C_{18}과 큰 친화력을 가져 늦게 나온다. 앞의 normal phase와 나오는 순서가 반대가 된다. 이때의 mechanism도 용해도, 표면장력, Van der Waals force등도 작용한다.

Normal phase와 reverse phase에서의 비교는 다음 표와 같다.

	Normal phase	Reverse phase
Packing polarity	high	low
Solvent polarity	Low to medium	Medium to high
Sample elution order	Least polar first	Most polar first
Effect of increasing solvent polarity	Reduces elution time	Increases elution time

2) LLC

1941년 Martin과 Synge는 LLC(Liquid Liquid Chromatography) 분리기술을 발표하였다. Liquid partition chromatography라고도 불리는 이 방법은 water-soluble, oil-soluble, ionic, nonionic 화합물 전체에 걸쳐 두루 적용되고 있는데 분리속도나 분리능이 뛰어난 방법이다.

LLC에서는 시료분자나 두개의 섞이지 않는 액체에 상대적 용해도에 따라 분포되어 있는 것을 이용한 것인데, 하나의 액체는 이동상이고 다른 액체가 고정상 역할을 한다. 분액깔대기에서 섞이지 않는 두 액체로 extraction하는 과정과 비슷한 것이 LLC이다. 이동상과 고정상의 상대적 극성에 따라 두가지 LLC로 나뉘는데 지지체가 극성 고정상으로 coating 되어 있고 비극성 용매가 이동상으로 사용되는 normal phase LLC와 비극성 액체가 고정상으로 쓰이고 극성액체가 이동상으로 쓰이는 reverse phase LLC가 있다. 여러가지 종류의 liquid phase를 입힐 수 있으므로 column의 종류가 다양하며 LLC는 다른 functionality를 갖는 화합물의 혼합물을 분리하는데 유용하다. Liquid phase가 극성이고 mobile phase가 비극성인 normal phase LLC의 경우 solutes는 두 섞이지 않는 phase 사이에 partition되는데, polar solute는 고정상에 머물러 있고, non polar solute는 이동상에 머물러 낮은 K'값을 갖는다. 반대로 reverse phase LLC에서는 고정상이 비극성, 이동상이 극성이므로 nonpolar solute는 고정상에 머무르고 polar solute는 이동상에 머무른다. 어떤 liquid phase는 사용하는 이동상에 따라 극성 또는 비극성으로 작용하기도 한다. LLC에 입혀진 stationary liquid phase가 이동상 용매에 녹으면 column의 효율이 크게 떨어진다.

그러므로 column을 보호하기 위해 liquid phase의 maximum solvent strength를 주의하여 solvent를 선정해야 한다. 고정상인 액체상이 지지체에 물리적으로 부착되어 있어서 쉽게 떨어지는 LLC의 단점을 보완한 방법으로 BPC(Bonded Phase Chromatography)가 있는데, 이는 지지체에 액체상을 화학결합으로 붙인 것으로서 고정상으로서의 작용을 다양하게 한 방법이다. 이것은 solvent strength에 별로 영향을 받지 않으므로 liquid phase의 손상을 줄일 수 있다.

(5) Preparative Liquid Chromatography(PLC)

1) Analytical HPLC와 Preparative LC의 비교

Analytical HPLC에서는 매우 적은 Sample을 가지고 짧은 시간만에 maximum resolution을 유지하는데 있지만, preparative LC에서는 analytical LC에서 분리하기 힘든 것을 단위시간 동안에 sample through out을 maximum으로 유지시킬 수 있는 resolution에 달하는 것이 목적이고, chromatography의 speed는 그렇게 중요하지 않다.

2) Preparative LC의 용도

일반적으로 chromatography를 수행할 때 3가지의 주요 parameter가 작용하게 된다. 즉, resolution, separation speed, sample capacity이다. 특히 preparative liquid chromatography에서는 analytical HPLC와는 달리 capacity가 강조되어 이 capacity에 따라 preparative LC의 technique과 equipment가 결정 된다.

Preparative liquid chromatography에서 분리된 순수물질은 분리된 물질의 사용하는 용도에 따라 몇 가지로 나눌 수 있다. 미지물질의 구조결정을 위해서(보통 mg)와 순수한 물질이 요구되는 유기 합성이나 standard sample로의 이용을 위해서 (보통 g) 등으로 나눌 수 있다.

3) 분리 조건의 Optimization

- 분리를 위한 방법

Analytical HPLC에서와 같이 separation에 있어서 resolution(R)

은 capacity factor(k')와 separation factor(a)가 고려된다. Analytical HPLC에서는 전형적으로 k'값이 1~3이지만, 반면에 preparative인 경우에는 k'값이 5~8정도가 좋다.

$$R=(a-1/a) \cdot (k'/1+k') \cdot (N/4)$$

N: plate number

Resolution은 nonoverload column인 경우 상대적으로 예측할 수 있지만, overloading된 경우에는 정량적으로 적용시킬 수 없다.

- Preparative separation에 있어서 separation 목적에 따라 2가지 접근 방법이 있다.

  (a): scale-up separation
  * 분리하기 힘든 sample을 분리하기 위해 효과적인 큰 diameter의 column이 필요하다.
  * Resolution은 일반적인 형태로 조정한다.
  * small particle size(~10μm) column

  (b): preparative approach
  * 큰 diamter column의 사용
  * 큰 particle size(~50μm)의 column의 사용
  * a값이 1.2보다 큰 조건에서 overloading
  * 상대적으로 빠른 flow rate.

- 대부분의 preparative liquid chromatography에서 접하게 되는 3가지의 상황이 있다.

  * 원하는 화합물이 mixed major peak일 때
  * 둘 또는 그 이상의 성분이 있고, 거기서 하나 또는 그 이상의 성분을 분리할 때
  * 원하는 화합물이 minor peak로 있어서, 다른 major peak로 부터 쉽게 분리가 어려울 때

따라서 Preparative liquid chromatography의 성능을 평가하는데 있어 단위 시간당 얻어진 순수한 sample의 양인 through out의 개념이 필요하다.

(a) Heart Cut Technique

Major 성분을 원할 때 이용하는 방법으로 major 부분을 collect하여 다시 Prep. LC를 시도하여 major 성분만을 완전하게 분리하는 방법이다.

(b) Recycle Technique

두개 혹은 여러개의 major 성분을 원하거나 혹은 미량성분을 원할 경우 즉, 완전 분리가 되지 않은 경우에 이 방법을 이용 column내를 재순환시켜 분리를 잘하고 collect하는 방법이다.

―실험적인 조건

1) Column
- 좀더 큰 internal diameter를 지닌 column의 사용 대개 8cm ID column이 효과적임.
- 3000psi 정도의 압력을 견딜 수 있는 stainless steel tubing, 그러나 150-200psi정도의 압력에서는 glass column도 사용함.
- Tap fill dry packing : $>30\mu m$
- Slurry packing : $<20\mu m$
- High resolution scale-up separation → $5\sim10\mu m$
- High capacity overloaded separation → $30\sim60\mu m$

2) Solvent
- 높은 column efficiency를 유지시키기 위해 상대적으로 낮은 viscosity를 유지해야함.
- Detector와 상응해야 함.
- 분리하는 sample에 대한 solubility가 좋아야 한다.
- 순도가 높아야 한다.
- 상대적으로 volatile해야 한다.
- 대량 사용함에 따른 fire, toxicity 등에 조심해야 한다.
- Column conditioning이 쉽게 이루어 져야한다.

3) Pumps
- Flow rate는 column의 특성에 따라 차이가 있으나 packing material이

polymer 성분인 경우 통상 3.5ml/min이다.
- Precision이나 accuracy가 요구되지 않음
- 일정한 solvent output이 요구된다.
- 큰 solvent reservoir의 필요.

4) Detector
- Sample에 대한 non-destructive하여야 함.
- Refractive index detector 혹은 UV detector를 주로 사용
- Detector에서 overload되는 경우에 Post column stream splitting device가 필요.

5) Injectior
- Syringe를 사용하는 경우 stop folw technique 사용
- High pressure valve의 사용
- Low volume pump의 사용
- Single way injector 사용
- Preparative Throughout
- Throughout는 column resolution을 높게 함으로써 증가한다. 이것은 적당한 a값과 plate수인 N값을 증가시켜 얻을 수 있다. 그러나, column의 압력이 증가하게 된다.
- Nonoverload된 column에 대해서 K'값을 낮춤으로 through out를 증가시킬 수 있다.
- Pellicular particle보다 porous한 packing material을 사용하여 through-out를 증가시킴.

- a 값이 적은 separation에서는 5~10μm 정도의 적은 particle의 column이 사용되기도 함.
- Column의 loading capacity throughout는 column의 cross section area의 증가에 따라 증가함.
- Throughout는 column 길이가 증가됨에 따라 증가된다.

1. Summary
    a. 될수 있으면 liquid solid chromatography를 이용한다. 혹은 TLC 및 HPLC 사용하여 a값은 optimization시킨다.
    b. 적어도 2cm ID정도 diameter의 column을 사용한다.
    c. Porous particle인 경우 solvent velocity를 낮추어 resolution을 높게 한다.
    d. Sample throughout를 높이기 위해 overload한다.
    e. 분리가 쉽지 않아 plate 수를 높일 필요가 있을 때 recycle을 시킨다.
    f. Scale-up mode에서는 10μm의 particle로 packing된 넓은 diameter의 column을 사용한다.
    g. K'값을 5~8정도로 조정한다.
    h. Inlet에서 overload를 피하기 위해 sample의 농도를 묽게 하고 많은 volume으로 사용한다.
    i. 용량이 크고, 연속적인 pumping system을 사용한다.
    j. 민감한 detector는 바람직하지 않고, RI와 UV detector를 동시에 쓰는 것이 좋다.
    k. Sample injection은 valve나 syringe를 사용한다.
    l. Solvent는 low-viscosity 및 정제되어야 한다.
    m. a=1정도의 separation에서는 overload를 피해야 한다.

n. Chromatography를 하기 전에 미리 간단한 column chromatography등에 의해 sample을 정제한다.

4) Preparative LC 응용 예

−PVC중의 고분자 첨가제의 분석
PVC sheet에 함유하고 있는 첨가제를 분석한 chromatogram이다.
시료 A와 B는 연질 PVC이고 C는 경질 PVC로써 모두다 농업용의 촉성재배용(forcing house)의 sheet이다. 시료 1g을 chloroform 10ml에 넣고 상온에서 장시간 방치 여과후 용매를 3ml까지 농축하여 prep. LC로 분리 및 분취한다. 분취한 각각의 peak는 IR로 확인한 결과 같은 것들이었다.

−시편 polypropylene 수지중의 첨가제의 분석
15g의 polypropylene 수지를 soxhlet extraction에서 추출하고 추출액에서 acetone을 과잉(excess)으로 가하여 용해한 PPE를 침전, 여과하여 제거한다. 추출액 및 acetone은 water bath에서 제거후 chloroform에 용해하여 prep. LC로 분리 및 분취한다. 분취한 각각의 peak는 IR로 확인한 결과 다음과 같다.

−Epoxy Resin의 분석
Bis phenol A type의 epoxy 수지를 Prep. LC를 사용해 분리하여 IR, NMR, MS를 사용하여 각 peak를 확인하였다. 다음의 chromatogram중의 n=0와 n=1의 peak의 사이에서 나온 peak는 불순물이다. Print기판용의 epoxy 수지로 사용하는 경우 이 불순물의 함유량이 전기 특성을 나쁘

게 하는 원인으로 되어있다.

- NBR에서 첨가제의 분석
• 실험

시료 NBR을 chloroform 용매하에서 soxhlet 추출한후 침전물과 추출액을 분리하였다. 추출액은 Prep. LC로 분리하고 분취한후 IR, UV 등을 이용해 확인하였다.

• Result

Additives	Identification
Deposit at room temperature	Zinc stearate
Plasticizer	Alkoxy phthalate(Main fraction)
Vulcanizier accelerator	2-Mercaptobenzothiazole
Antioxdant	1) n-Alkyl-n-phenyl-p-phenylene diamine 2) Aromatic amines distributed in approximate Mw200.

4

아미노산의 분석

(1) 아미노산의 구조 및 역할

아미노산이란 분자내에 amino group 과 carboxyl group을 갖는 화합물을 총칭한다. 아미노기에 결합한 탄소의 위치에 따라서 α, β, γ, δ 등으로 아미노산을 나눈다. 카르복실기가 결합하고 있는 탄소원자 (α - carbon)에 아미노기가 붙어있는 경우를 α- 아미노산, 하나 떨어진 β- carbon에 아미노기가 붙어있는 것을 β- 아미노산이라 한다.

α 아미노산은 amino group, carboxyl group 및 수소분자가 하나의 탄소에 결합되어 있으며 R group 만이 서로 다르다.

아미노산 분류방법에는 여러 가지가 있으나 일반적으로는 R- group 이 가지고 있는 극성에 따라 분류한다. 단백질에 존재하는 아미노산은 약 20여 종이며, 생체내에서 자유로이 존재하는 아미노산은 α- 아미노산을 포함하여 모두 150 여종에 이른다.

⟨표4-1⟩ 단백질에 존재하는 아미노산의 종류

극성 R group	비극성 R group	산성 R group	알칼리성 R group
Glycine	Alanine	Aspartic acid	Lysine
Serine	Valine	Glutamic acid	Arginine
Threonine	Leucine		Histidine
Cysteine	Isoleucine		
Tyrosine	Proline		
Asparagine	Phenylalanine		
Glutamine	Tryptophan		
	Methionine		

 단백질은 20여종의 아미노산이 일렬로 연결되어 구성되므로 특성 및 역할은 아미노산 배열 순서에 의해 결정된다. 배열 순서는 다시 유전자(gene)에 의해 결정된다. 진화학적으로 고등한 동물일수록, 아미노산 생성 능력은 저하된다. 따라서 사람이나 가축은 적당량의 필수아미노산을 계속적으로 섭취하여야 한다. 이와 같은 이유에서 단백질이나 펩타이드 중의 분석, 식품 및 사료 중의 단백질 조성비 분석 등이 필요하게 된다. 이와는 별도로 생체내에서 자유로이 존재하는 아미노산을 분석하는 경우도 있다.

 (2) 아미노산 분석의 역사

 수십 종에 이르는 아미노산을 서로 분리하는 것은 용이하지 않다.

 처음에는 partition chromatography, paper chromatography, electrophoresis 등에 의하여 분리한 후 정성적인 확인에 그쳤다. 그러나 그 후 계속적인 연구·개발로 쉽게 정성 및 정량할 수 있게 되었다. 정성·정량 분석이 가능한 액체 크로마토그래피에 의한 아미노산의 자동 분석은 1958년 Siein과 Moore 등에 의해 처음으로 이루어졌고, 이후 위의 방법을 이용한 아미노산 분석 전용의 분석기가 사용되어왔다. 지난 수년간 고속액체 크로마토그래피(HPLC)가 분석 영역을 확대하면서 HPLC에 의한 아미노산의 자동분석방법을 시도하게 되었다.

HPLC는 분리 방법 및 검출 방법이 다양하므로 같은 물질의 분석에도 요구조건에 따라 다른 방법을 사용할 수 있는 유연성이 있다. 아미노산 시료도 단백질 가수분해물질을 비롯하여 그 종류가 다양하므로 요구조건에 맞는 다양한 분석방법을 필요로 한다. 따라서 HPLC에 의한 아미노산 분석은 필연적이라고 할 수 있다.

아미노산은 벤젠 고리를 포함하는 몇가지 아미노산 (phenylalanine, tryptophan 등)을 제외하고는 UV에 흡수 band를 나타내지 않으므로 따라서 유도체화가 필요하게 된다. 유도체화에 사용되는 시약으로는 O-phthalaldehyde, ninhydrin, dansyl chloride, phenylisothiocyanate 등이 있다.

아미노산의 HPLC를 이용한 분석은 크게 두 가지로 나눌 수 있다. 즉,

첫째, 종래의 이온교환수지 column에 의한 분리 이후, post-column 유도체화를 이용한 방법과 둘째, 먼저 유도체화 한 후 (pre-column derivatization) reverse-phase chromatography에 의해 분리하는 방법이 있다.

여기에서는 HPLC에 의한 신속·정확한 분석방법들을 소개하면 다음과 같이 크게 네 가지로 나누어 진다.

(1) 이온 교환과 OPA 검출에 의한 방법 − post column
(2) AUTO·TAG − precolumn OPA 방법
(3) 새로이 개발된 PICO·TAG − precolumn PITC 방법
(4) PTH-amino acid 분석 방법 − pre column

1. 이온 교환과 OPA 검출에 의한 방법

이 방법은 앞에서 언급한 "Stein과 Moon과 Moore의 방법"에 의한 분석법으로서 재현성과 분리능이 뛰어나다. 또한, 1차 및 2차 아미노산의 분석이 모두 가능하다. 분리 column으로서 양이온 교환수지를 사용하고, 용출된 아미노산은 OPA로 유도체화 하고 형광검출기로 검출한다.

1) 이온교환수지에 의한 분리

서로 유사한 아미노산은 자체의 이온적 성질로 인하여 양이온 교환수지와 이동상과의 상호 화학적 관계에 의해 분리된다. 이동상의 pH를 gradient 에 의해 증가시킴에 따라 산성·중성·알카리성 아미노산의 순으로 용출됨을 알 수 있다.

2) OPA에 의한 유도체 형성

분리되어 용출되는 아미노산은 hypochlorite 용액에 의해 산화되어 2차 아미노산이 1차 아미노산으로 변형되고, 다시 OPA용액에 의해 모든 아미노산이 OPA유도체를 형성하게 되고 이 OPA – 아미노산은 형광검출기에 의해 검출된다.

2. AUTO·TAG – Automated Precolumn OPA 방법

아미노산은 OPA에 의해 유도체화된 뒤, 역상 크로마토그래피에 의해 분리되고 형광 검출기로 검출된다. AUTO - TAG 방법에 의한 분석은 1차 아미노산에 한하며, 특히 glutamine과 asparagine의 분리가 뛰어나다. 몇 가지 방법 중 감도가 가장 좋다는 장점을 가지고 있으므로 식품의 발효나 세포 배양시 용액 중의 아미노산 농도를 monitor 하는 방법이다.

1) 역상 크래마토그래피에 의한 분석

역상 크로마토그래피는 HPLC 분석 방법 중 가장 그 분석영역이 넓으며 물이나 알코올에 용해되는 시료는 거의 모두 분석할 수 있으므로 생체 중의 물질 분석에도 많이 사용되고 있다.

2) 자동화된 OPA 유도체화 및 시료 주입

유도체화된 전처리 과정 중의 하나이므로 많은 시료를 계속적으로 분석하려면 번거롭게 되며, 유도체화된 아미노산은 그것이 어느 시약에 의하든 불안정하므로 곧바로 주입하여야 한다. 이러한 번거로움과 재현성 문제는 주입 및 전처리의 자동화에 극복할 수 있다.

3. PICO-TAG - Precolumn PITC 방법

근래에 단백질 및 펩타이드에 대한 연구방법의 발달과 더불어 아미노산이 있어서도 분석시간이 좀 더 단축되고 감도가 좋은 분석방법이 필요하게 되었다.

역상 크로마토그래피에 의한 분리방법 중의 하나로서 최근 Walers 사에서는 PICO·TAG method를 개발하였는데, 이 방법은 phenylisothiocyanate (PITC)를 사용하여 아미노산을 유도체화 한 뒤, 역상 크로마토그래피에 의해 분리하고 UV 검출기로 검출·분석하는 방법이다.

PICO·TAG method는 1차 및 2차 아미노산을 5 pmole 농도에 대해서 15분 이내에 분석하며, 유도체화 방법이 간편하다는 장점을 지니고 있다. 특히 Waters PICO·TAG 아미노산 분석 장치는 Column 과 이동상만을 교환하면 단백질·펩타이드의 분리에도 사용할 수 있으므로 한 장치에서 단백질·펩타이드의 정제, 정제된 단백질의 아미노산 구성비 분석이 모두 함께 이루어진다.

1) PITC에 의한 유도체화

PITC는 Edman degradation 방법에 의해 단백질이나 펩타이드의 아미노산 서열 결정에 사용되는 coupling reagent 이다. 1982년 Tarr에 의해 처음으로 PITC가 아미노산 분석에 이용된 후 이를 단백질 및 펩타이드의 가수분해 생성물 분석에 이용할 수 있게 되었다. 반응에 의해 생성된 유도체는 phenylthiocarbamyl (PTC) - amino acid이다. 이것은 벤젠 고리를 가지므로 역상 크로마토그래피에 의해 잘 분리되며, 또한 UV에 대한 흡광도 (UV 254nm)를 가지게 된다.

2) 역상 크로마토그래피에 의한 분리

유도체화된 아미노산인 PTC-amino acid는 분석 중에 이동상을 변화시키는 gradient 방법과 역상 크로마토그래피에 의해 분리된다. PICO·TAG 방법에 맞도록 제작된 PICO·TAG column (3.9 x 150 mm)을 사용하며, 이동상은 다음 두 용액을 사용한다.

　A 용액 = 0.14 M sodium acetate, pH 6.40, 0.05 % triethylamine
　B 용액 = 60 % CH_3CN, 40 % H_2O

분리된 각 성분은 UV 검출기 (UV 254 nm)에 의해 아미노산을 측정할 수 있다.

4. PTH-amino acids

단백질·펩타이드의 아미노산 배열순서 결정에는 앞에서 언급한 바 있는 Edman degradation method가 사용된다. PITC와 펩타이드의 coupling, 부분적 가수분해, conversion을 거쳐 PTH-amino acid가 생성되는 과정을 나타내고 있습니다. 이 과정은 아미노산 sequencer 에 의해 이루어지며 생성된 PTH-amino acid는 역상 크로마토그래피에 의해 분리된다.

(3) 아미노산 분석 분야

생체 시료 내의 아미노산 성분 분석은 생물학적 연구와 생명공학 분야에서 계속 그 필요성이 커지고 있다. 이는 분리된 펩타이드와 단백질에 대한 정보가 필요하기 때문으로 사료된다. 또한 식품·사료 부문에서의 영양학적인 분석에서도 필요하다. 이러한 아미노산 분석 범위는 다음의 세 부문으로 대별된다.

(1) 펩타이드 및 단백질 중 아미노산 조성비 분석

18~20 종의 amino acid에 대한 분석이며, 가수분해라는 전처리 과정을 수반

(2) 식품 및 사료에 포함된 아미노산 (단백질, 펩타이드, 아미노산 등)의 분석

(3) 생리학적인 아미노산

생체 중에 자유로이 존재하는 아미노산으로서 α, β, γ, δ 등 150여종의 아미노산에 대한 분석이 필요

5

당(Sugar)의 분석

(1) 탄수화물

탄수화물(carbohydrates)의 구성원소는 주로 탄소, 수소, 산소의 세 원소로 되어 있으며, 분자내 물을 함유하는 것 같은 실험식을 얻을 수 있으므로 함수탄소[$C_n(H_2O)_n$]라고도 말한다. 또한 동식물의 감미성분인 당분과 관계가 있으므로 당질이라고도 부른다. 그러나 탄수화물 중에는 질소를 함유하는 glucosamine과 같은 화합물도 있으므로 탄수화물이란 넓은 의미에서 polyhydroxy carbonyl 화합물과 그 유도체를 말한다.

탄수화물 중 천연에 존재하는 것을 분류하여 보면 다음과 같다.

(1) 단당류(monosaccharide)

삼탄당 (triose, $C_3H_6O_3$) ⋯ glyceraldehyde

사탄당 (tetrose, $C_4H_8O_4$) ⋯ erythrose, threose

오탄당 (pentose, $C_5H_{10}O_5$) ··· ribose, deoxyribose, ribulose, xyloze, arabinose

육탄당 (hexose, $C_6H_{12}O_6$) ... glucose, galactose, mannose, fructose

(2) 소당류(oligosaccharide)

이당류 (disaccharide, $C_{12}H_{22}O_{11}$) .... sucrose, lactose, maltose

삼당류 (trisaccharide, $C_{18}H_{32}O_{16}$) ... raffinose

사당류 (tetrasaccharide, $C_{24}H_{42}O_{21}$) ... stachyose

(3) 다당류 (polysaccharide, $(C_6H_{10}O_5)_x$)

전분족 ··· starch, inulin, glycopen, dextrin

유지소족 .... cellulose, hernicellulose, galac tan, pectin, gum.

(2) 당 분석 원리

기본적인 분석 mechanism은 HPLC에서와 같고 다만 당 분석을 할 수 있는 columm 및 분석 조건을 사용하면 된다.

일반적으로 사용되는 당 분석용 column 은 다음과 같다.

Summary of Features of Columns for Sugar Analysis

Column/ Cartridge	Uses	Mobile Phase	Elution Order
Carbohydrate Analysis Column	Mixtures of mono-, di- and tri-saccharides	65 to 85 % $CH_3CN:H_2O$ at ambient temperature	smallest sugars elute first
Sugar-PAK I	Monosaccharides, sugar alcohols low MW alcohols, dextrins and hydro-lyrides	water at 75~95 ℃	largest sugars elute first
Dextro-PAK Radial-PAK Cartridge	Oligosaccharides, simple sugar mixtures Sugar derivatives	water at ambient temperature	smallest sugars elute first

1) Carbohydrate Analysis column

당과 polyhydroxy 화합물을 분리할 때 이 컬럼을 이용하며, 주기능은 단당류, 이당류, 삼당류가 복잡하게 혼합되어 있는 시료를 분석할 때 사용한다. 충진제는 10μ silica 입자에 amine 이 결합된 형태이며, acetonitrile과 물의 혼합액이 이동상으로 사용된다. 이동상 중에서 acetonitrile 이 차지하는 비율이 증가하면 당의 용출 시간이 늦어진다. 육탄당과 오탄당은 85% acetonitrile을 이동상으로 사용하면 적당한 시간에 용출되고, 포도당이 대략 10개까지 붙어 있는 것은 65% acetonitrile 을 이동상으로 사용하여 분리한다.

Carbohydrate analysis column을 사용하면 여러 가지 당을 신속하게 정량 분석할 수 있기 때문에 전화당화, 곡물, 초콜렛, 꿀 등에 함유된 당을 분석하는 수단으로, A.O.A.C. 에서는 carbohydrate analysis 컬럼을 권장하고 있다.

2) Sugar- PAK™ 1 column

Sugar-PAK 1 컬럼은 미세입자 수지가 칼슘 형태로 충진되어 있으며 단당류와 다당류를 신속하게 분리할 수 있다. 따라서 녹말과 같은 다당류가 가수분해되어 나오는 중간 산물과 최종 산물을 분석하는데 효과적이다. 또한 ethanol도 이 컬럼 내에서 안정하게 분리되므로 발효과정을 조사한다거나 포도주, 맥주와 같은 발효산물도 분석할 수 있다. Sorbitol 이나 mannitol 과 같은 당알콜도 머무름과 분리가 양호하므로 여러 가지 감미료와 과일 주스를 분석하기에 아주 좋다. 유제품을 포함하여 식품 분석에도 Sugar-PAK 컬럼을 이용하여 포도당, 과당, 갈락토스를 분석할 수 있다.

다당류 (polymeric sugar)는 물을 이동상으로 하여 gel 침투법으로 분리하는 것이 일반적이다. 즉 Sugar-PAK 1 column은 분자량이 유사한 다당류 (polymeric sugar)를 분리하는 데는 적당하지 않지만, 분자량이 큰 dextrin을 포함하여 분자량 분포 범위가 넓은 다당류는 분리할 수 있다.

이러한 점은 특히 전분 시럽에서 주성분과 그 외의 성분들을 분석하는 데 효과적이며, A.O.A.C.에 Sugar-PAK 1 column을 이용하여 전분 시럽의 성분을 분석하는 방법이 명시되어 있다.

3) Dextro-PAK TM Radial -PAK Catridges

Dextro-PAK catridge는 당을 신속하고도 정확하게 분리하는 역상 충진제로 충진되어 있다. 그러므로 특히 포도당 시럽과 풀에서 다당류가 가수분해되어 나온 분자량이 작은 oligomer들이 효과적으로 제거되며, 포도당이 12개 붙은 것(DP12)까지 분리된다. Xylose, lactose 같은 당의 anomer와 DP2이상의 포도당 oligomer도 부분적으로 분리된다. 이외에도 Dextro-PAK catridge는 맥주에 남아있는 잔류당과 알콜, 대두에 포함되어있는 Sucrose, raffinose, stachyose를 분석할 때 사용 된다. 또한 연구 분야에 있어서도 중요하여 포도당 화합물을 분리하거나 gum에서 methyl glycoside를 분리할 경우에도 사용된다.

6

Ion Chromatography(IC)

(1) Ion Chromatography(IC)의 원리

Ion exchange에 의한 혼합물의 분리법도 오래된 방법 중 하나이다. 고정상으로 주로 styrene-divinyl benzene을 공중합시켜 안정하게 얻은 메트릭스로 여기에 SO_3^-나 $CH_2N^+(CH_3)_3$와 같은 고정 이온을 붙여 이동상에 있는 상대이온이 어떤 친화력을 가지고 여기에 붙어서 고정상에 분포되므로 분리되는 것이 이온교환 크로마토그래피(IEC)의 원리이다. IEC의 고정상은 주로 이온교환 수지이고 이동상은 주로 완충성을 갖는 수지이며, 시료는 금속이온, 음이온, 해리가 되는 유기산, 유기염기, 아미노산, 핵산 등이다. 유기산(HA), 유기염기(B)인 경우 적당한 pH하에서는 다음과 같은 이온화가 일어난다.

$$HA \rightleftharpoons H^+ + A^-$$
$$B + H^+ \rightleftharpoons BH^+$$

즉 이동상의 pH에 따라 산·염기의 이온화를 조절할 수 있기 때문에 시료의 retention time도 조절할 수 있다.

Ion exchange column의 충진제로는 단백질과 같이 거대한 분자의 분리에 쓰는 soft gel에서 부터 작은 분자나 무기 이온을 분리하는데 쓰이는 rigid gel등이 있는데, 종전에 쓰이던 이온 교환 수지인 polymer, porous particle은 styrene divinyl benzene의 공중합matrix를 사용하였고, 이외에도 bonded-phase pellicular particle과 bonded-phase porous particle은 silica matrix에 polymer를 입혀서 사용한다.

이에 사용되는 polymer구조의 경우, 양이온 교환에는 sulfonate group, 음이온 교환에는 trialkyl ammonium group이 주로 사용된다.

IEC의 이동상은 이온교환이 일어나기에 적합한 완충용액이어야 하고, 여러 가지 salt를 녹일 수 있어야 하며, 적절한 solvent strength에 의해 시료의 retention time을 조절할 수 있어야 한다.

일반적으로 수용성염 용액을 많이 사용하는데 완충 용액이나 물과 섞이는 유기 용매를 가끔 첨가시키기도 한다.

(2) Ion Chromatography의 역사

Historical Milestones in Ion Chromatography

1971	IC is first performed at Dow Chemical
1972	First prototype Ion Chromatograph is built using a conductivity cell.
1975	First IC research report is published : "Novel Ion Exchange Chromatographic Method Using Conductimetric Detection" by Small, Stevens, and Baunan in Analytical Chemistry, vol. 47, No. 11, 1975, pp. 1801~1809.
1975	Dionex Corporation is formed under Dow License.
1975	First commercially available Ion Chromatograph introduced.
1977	First EPA Symposia on IC analysis - environmental pollution.
1977	Small, Stevens, and Bauman win the 1977 Pittsburgh Conference award for the most significant advance in applied analytical chemistry
1978	Second EPA Symposium.
1979	Introduction of Coupled Chromatography, ICE / IC.
1981	Introduction of the series Ion Chromatographs representing a major advance in IC instrumentation designed for separation and quantitation of ions of all kinds
1983	Fiber Suppressor introduced
1985	Micromembrane Suppressor introduced.
1986	4000 psi quaternary gradient system introduced.

(3) Ion Chromatography의 특성

이온 분석에 고전적으로 이용되어 온 방법인 습식 화학(wet chemical), 이온 선택 전극, 전기 화학, 원자흡수, X-ray 형광 등의 방법은 분석 시간이 길고 많은 노동력이 필요하며, sample 에서 한두 개의 이온 밖에 검출할 수 없다는 단점을 가지고 있다. 또 sample matrix 간섭이 있는 등 여러 가지 기술적인 어려움이 있었을 뿐만 아니라 ppm 이나 ppb 범위의 시료는 검출해낼 수 없었다. 그러나 1980년대부터는 새로운 IC가 개발되어 이러한 모든 한계를 극복하게 되므로 서 분석 가능한 시료의 다양성, 다양한 기능, 사용의 편리함뿐만 아니라 sub-ppb에서 수 백 ppm까지 검출할 수 있는 넓은 범위의 정량성을 보여주고 있다. 다음 표는 IC가 분리할 수 있고, 정량할 수 있는 모든 범위의 화합물을 나타낸다.

분석 가능한 화합물

Inorganics		Organics & etc
anions	alcohols	nucleic acids
cations	amines	organic acids
metal complexes	amino acids	organophosphates
metals	ionic surfactants	peptides
	fatty acids	phenols
	lipids	polymers
	non-ionic sufactants	steroids
	proteins: sufactants	vitamins
	sugars	
	polyaromatic hydrocarbons	

(1) 분석 가능한 시료별 시료범위가 매우 넓다.

(2) 이동상을 바꾸어 다양한 기능을 나타낸다.

IC의 가장 큰 장점 중 하나가 이동상을 자유롭게 바꿀 수 있다는 것이다.

(3) 감도가 매우 높다.

IC는 column을 통과한 이온 구성 물질들을 복잡하게 화학반응 시키지 않아도 ppb, ppt단위로 검출해 낼 수 있는 sensitivity를 가지고 있다.

(4) 사용분야가 universal한다.

전력업, 전자, 도금, 의약, 식품, 음료, 제약, 화학, 농업 등 음이온, 양이온, 금속이온, 유기물 등의 분석에 IC를 이용할 수 있다.

(4) Ion Chromatography의 응용분야

Inorganics determined by ion chromatography

Inorganic Ions		Inorganic Complexes
Aluminum	Mercury	Chrome EDTA
Ammonium	Molybdate	Cobalt EDTA
Arsenate	Monofluorophosphate	Copper EDTA
Arsenite	Nickel	Lead EDTA
Azide	Nitrate	Nickel EDTA
Barium	Nitrite	Cobalt Cyanide
Borate	Percholorate	Gold (I, II) Cyanide
Bromide	Periodate	Iron (II, III) Cyanide
Cadium	Phosphite	Palladium Cyanide
Calcium	Platinum	Platinum Cyanide
Carbonate	Potassium	Silver Cyanide
Cesium	Pyrophosphate	
Chlorate	Rhenate	
Chlorite	Rubidium	
Chromate	Selenate	
Cobalt	Selenite	
Copper	Silicate	
Cyanide	Sodium	
Cyanate	Strontium	
Dithionate	Sulfate	
Fluoride	Sulfide	
Gold	Sulfite	
Hydrazine	Tetrafluoroborate	
Hypochlorite	Thiocyanate	
Hypophosphite	Thiosulfate	
Iodate	Tripolyphosphate	
Iodide	Tungstate	
Iridium	Uranium	
Iron (II, III)	Vanadate	
Lead	Zinc	
Lithium		
Magnesium		

Organics ions determined by ion chromatography

Class	Examples
Amines	(Methyl amine, diethanolamine)
Amino acids	(Alanine, threonine, tyrosine)
Carboxylic acids	(Acetate, oxalate, citrate, benzoate, trichloroacetate)
Carbohydrates	(Lactose, sucrose, xylitol, cellobiose, maltononose)
Chelating agents	(EDTA, NTA, DTPA)
Quaternary animonium compounds	(Tetrabutylammonium ion, cetylpyridinium ion)
Nucleosides	(Adenosine monophosphate, guanidine monophosphate)
Phenols	(Phenol, chlorophenol)
Phosphates	(Dimethylphosphate)
Phosphonates	(Dequest 2000*, Dequest 2010%)
Phosphonium compounds	(Tetrabutylphosphonium ion)
Suifates	(Lauryl sulfate, lauryl sulfate)
Sulfonates	(Linear alkyl benzene sulfonate, hexane sulfonate)
Sulfononium compounds Vitamins	(Trimethylsulfonium ion) (Ascorbic acid)

7

Size Exclusion Chromatography(SEC)와 Light Scattering

(1) Size Exclusion Chromatography(SEC)의 원리

SEC는 column 충진물의 matrix에 시료가 침투(permeation)되어 분리되는 것으로써, 큰 분자는 그 물리적 크기에 의해 다공성 matrix의 작은 부분에는 침투하지 못하므로 matrix 의 많은 부분에 침투되는 작은 분자보다 앞서서 나온다. 이처럼 분자의 화학적 성질보다는 크기에 의해 그 분리가 일어나므로 size exclusion chromatography라 하는데 수용성 비수용성에 따라 matrix 로 사용하는 gel이 다르므로 수용성인 경우 GFC (Gel Filtration Chromatography), 비수용성인 경우 GPC (Gel Permeation Chromatography)라 한다.

1. 고정상

SEC의 고정상은 용매를 쉽게 흡수하여 팽창하는 다공성 폴리머를 사용한다. Polymer의 그물 구조의 틈새에 많은 양의 용매를 포함하고 있고, 이 구멍의 평균 크기가 흡착하는 용매의 양에 직접 관계가 된다. Polystyrene - divinylbenzene을 공중합시킨 것과 polycarbohydrate 계열이 주로 많이 쓰이고 있으며, 사용되는 packing 물질에 따라 soft, semi-rigid, rigid의 세 type으로 나눈다.

Soft gel은 cross - liking 정도가 낮아 침투력이 낮으며, 고압에서는 사용할 수 없고(〈 50 psi) 주로 수용성 용매외 사용한다. Semirigid gel 은 dry volume 의 두 배 정도 팽창되며, 비수용성 용매와 사용하면 비교적 높은 압력(1000 psig 가량)에서도 사용할 수 있고, 침투력(Permeability)이 크다. Rigid gel은 pore size가 있는 glass나 silica를 사용하는데, 압력에 제한이 없고 팽창하지 않으며 비교적 pore size 가 균일하기 때문에 수용성 비수용성에 다 쓰일 수 있다.

SEC에 사용되는 이동상은 다른 mode의 LC에서 처럼 resolution에 따라 다양하지 않다. 시료를 녹일 수 있고 분리 온도에서 비교적 낮은 점도를 가진 것이면 된다. Column의 충진물과도 맞아야 하는데 예를 들면 polystyrene 충진물에는 acetone, alcohol 같은 극성 용매는 사용하지 않으며, 수용성 system 에서는 PH 2 - 8.5 범위의 용매를 써야 한다.

2. 이동상

다른 LC 방법과는 달리 SEC 에서는 이동상이 resolution을 변화시키지는 못한다. 다만 이동상은 시료를 용해할 수 있어야 하고, 분리 온도에서 낮은 점도를 가지는 특성이 있어야 한다. 낮은 점도를 가진 이동상은 column의 온도보다 25~50 °C정도 높은 boiling point를 가진다. 이동상은 column 의 충진 물질을 고려하여 선택하여야만 한다. 예를 들어 acetone, alcohols, DMSO, water같은 매우 Polar한 용매는 polystyrene 같은 충진 물질로 packing된 column에 사용해서는 안된다. 또한 GFC의 경우, nonrigid gel 같은 충진 물질로 packing된 column에서는 일정한 이온강도를 유지하기 위해서 이동상에 salt를 첨가시켜야 한다.

Silica-based packing으로 된 column에는 여러 종류의 용매가 사용될 수 있는 반면, 수용액 system에서 이동상은 pH 2~8.5를 유지하여야 한다. 그렇지 않으면 충진물의 degradation이 일어날 것이다. 또한 silica packing의 용해는 높은 pH와 높은 이온강도에서 가속화 된다.

SEC에서는 시료를 용액으로 만든 후 분석하기 때문에 용매를 잘 선택하여야 한다. 따라서 column 제조에 관한 문헌이나 제조회사에 문의하여 column 및 용매를 선택하여야 한다. SEC는 주로 고분자 물질의 분석에 쓰인다.

3. 분자량 검량법

1) 분자량 및 분자량 분포

고분자 물질은 천연이던 합성이던 일반적으로 분자량이 다른 고분자들의 혼합으로 이루어져 있다. 이와 같은 분자량에 관한 다분산(polydispersity)은 저분자 화합물과 비교할 때 고분자물질이 가지는 제일 큰 특징이다. 저분자 물질의 경우는 물질이 정해지면 그것이 순수한 것이라면 균일하고 그리고 일정한 분자량을 가지며 성질도 일정하다. 그러나 고분자 물질의 경우는 비록 순수하다고 할지라도, 분자량의 분포 및 평균분자량이 동일하지 않으며 성질도 달라진다.

분자량 분포가 존재할 경우 분자량은 평균치로서 나타내는데 일반적으로 사용되는 평균치는 다음과 같다.

(1) 수평균 분자량 (Number-Average Molecular Weight : M_n)

$$M_n = \frac{\text{각 분자의 분자량의 총합}}{\text{전분자수}}$$

$M_n = \dfrac{\Sigma Ni\, Mi}{\Sigma Ni}$ 이며 computing integrator에서는 $Mn = \dfrac{\Sigma Ai}{\Sigma \left(\dfrac{Ai}{Mi}\right)}$

와 같이 계산한다.

Ni = 분자량 Mi 를 갖는 분자의 개수
Ai = 분자량 Mi 에 대응하는 "slice"의 면적

(2) 중량평균분자량 (Weight-Average Molecular Weight : M_W)

$M_w = \dfrac{\Sigma Ni\, Mi^2}{\Sigma Ni}$ 이며 $Mw = \dfrac{\Sigma AiMi}{\Sigma Ai}$ 로 계산한다.

(3) z 평균분자량 (z- Average Molecular Weight : M_z)
이것은 원심력법에 의해 구해지는 평균분자량입니다.

$M_z = \dfrac{\Sigma NiMi}{\Sigma NiMi^2}$ 으로 $Mz = \dfrac{\Sigma AiMi^2}{\Sigma AiMi}$ 이다.

(4) 점도 평균분자량 (Viscosity-Avrage Molecular Weight : M_v)

극한 점도(η)가 평균 분자량 M과 $\eta = KM^a$ ($0.5 \leq a \leq 1$)의 관계가 있을 때

$$Mv = \left(\frac{\sum N_i M_i^{1+a}}{\sum N_i M_i}\right)^{1/a}$$ 로 구해진다.

$$Mv = \left(\frac{\sum A_i (M_i)^a}{\sum A_i M_i}\right)^{1/a}$$

2) 분자량 검량법 (Molecular Weight Calibration)

정확한 분자량은 올바른 검량선을 작성하는데 있다. 이러한 검량선을 만드는 데에는 여러 가지 방법이 있다.

- 피크 위치에 이하 검량법 (Peak-Position Calibration Method)

한 개의 분자량이나 좁은 분자량 분포를 갖는 고분자(polystyrene)인 경우 사용되는 방법이나, 대부분의 고분자 물질의 분자량 측정에 많이 이용하고 있다. 여러 종류의 표준품을 주입하여 $LogM_w$ 와 피크의 용출시간에 관한 검량선을 작성한다. 이때 사용하는 표준품의 분산도가 1.1이하이면 모든 평균분자량 값들이 M peak = M_w = M_n이 된다. 이때의 큰 오차는 한가지의 좁은 단위를 갖는 고분자에 의해 분자량 전체를 검량하는 데에서 기인한다.

- Single-Broad-Standard Calibration.

간단한 peak-position 검량법은 좁은 분자량 분포를 갖는 표준품이 없는 물질에 는 사용할 수 없다. 만일 컴퓨터가 있어 single broad M_w 고분

자에 대해 M_w값과 M_n값을 알 수 있다면(광산란법이나 삼투압법에 의하여 측정됨), single-broad-standard 검량선법의 적용이 가능하다.

- Universal Calibration법

알려진 고분자의 분자량을 결정 하는 데에는 universal calibration법이 적용된다. 이 방법은 용질의 hydrodynamic volume만이 size-exclusion에 관여하는 인자라 할 때 고유점도(intrinsic viscosity : η)와 분자량의 곱의 로그 값($\log(\eta) \cdot M$) 대응출양을 plot한 곡선이 모든 고분자에 적용될 수 있다는 것이다.

$$M_1 = [\frac{K_2}{K_1}(M_2\,\alpha_1)]\frac{1}{\alpha_2}\;\alpha_1,\;\alpha_2\text{는 2차 상수}$$

여기서 M_1은 측정시료의 분자량이고 M_2는 표준시료의 분자량이다. K_1은 측정시료의 상수이고 K_2는 표준시료의 상수이다.

(2) Light Scattering

1) 서론

빛을 포함한 모든 형태의 전자파가 어떤 물질과 상호작용을 할 때 나타나는 현상 중에 하나인 광산란은 전자파의 전기장(electric field)이 물질내의 전자들을 진동시켜 분극(polarization)을 유발시키고 그 진동이 쌍극자가 2차 광원이 되어 전자파, 즉, 빛을 방출하게 되는 현상이다. 이때 산란된 빛은 산란하는 물질과의 상호작용에 의하여 에너지의 교환이 일어나게 되는데 그 정도에 따라 탄성산란(elastic scattering)과 비탄성 산란 (inelastic scattering)으로 구분할 수 있다. 분자결합의 진동(vibration) 및 분자 회전(rotation)운동에 의해 에너지, 즉, 산란광의 주파수가 달라지는 Raman scattering이 대표적인 비탄성산란의 예가 되며 물질내의 열적 요동(thermal fluctuation)에 의한 음향 양자 (photon)와의 상호작용에 의한 Brillouin scattering도 이 범주에 넣을 수 있겠다.

광산란시 일어나는 에너지의 교환을 무시하고 이론이 정립된 Rayleigh scattering을 탄성산란이라고 부르나, 산란하는 물질이 Brown 운동에 의한 병진(translation)운동을 하거나 분자 이완현상(relaxation)이 이을 때 일어나는 Doppler 효과는 항상 존재하므로 이들과의 상호작용에 의한 산란광의 주파수 변화는 피할 수가 없게 된다. 특별히 이런 Doppler 효과에 의한 Rayleigh line broadening을 이용하여 동력학적인 정보를 얻는 방법을 준탄성산란 (quasi elastic scattering)이라고도 부른다.

2) 탄성 광산란 (elastic light scattering)

- 원리

탄성 광산란, 정적 광산란 (static light scattering) 또는 고전적 광산란 (classical light scattering)이라고 불리는 이 방법은 산란된 빛의 강도를 고분자 물질의 농도, 온도 및 산란 각도의 함수로 측정하여 고분자 물질의 분자량, 크기 및 모양과 열역학적 성질을 측정하는데 많이 사용된다. 대부분의 고분자 연구의 경우 비탄성산란 강도는 Rayleigh 산란 강도에 비해 무시할 수 있을 만큼 작으며, 준탄성산란 현상은 이 산란법으로 구하려고 하는 정보에 영향을 주지 않으므로, 통상 산란된 빛의 에너지 변화에 구애받지 않고 산란광의 강도를 측정하게 되므로 탄성 산란이라는 이름에 오해가 없어야 되겠다.

- 측정기기

앞에서 논의한 방법으로 고분자의 분자량, 비리알 계수 그리고 회전반경을 구하려면 여러 농도의 고분자 용액과 용매의 산란강도를 산란각도에 따라 측정하여야 된다. 농도와 산란각의 적절한 범위는 실험대상인 고분자 물질과 용매에 따라 다르나, 대체로 농도는 1mg/ml 근처에서 변화시키고 산란각은 back ground가 너무 커지지 않아 보정이 가능한 낮은 각노로 부터 넓은 범위에 걸쳐 측정하는 것이 좋다.

이때 측정한 산란강도는 단위 산란 부피당의 강도가 아니므로 산란 부피에 대한 보정이 필요하다. 원통형 cell에서의 산란부피는 대략 $L/\sin\theta$에 비례하게 되므로 산란강도의 각도 의존성이 없는 작은 분자, 즉, 용매나 형광 물질 등을 이용하여 측정하면 측정 강도에 $\sin\theta$를 곱한 값은 거의 산란각에 무관하게 나타나나 전 각도에 걸쳐 측정하여 필요하면 산란부피 보정을 해주어야한다.

이렇게 보정된 산란강도로부터 $R\theta$를 구하려면 장치가 지니는 고유상수인 식에서의 r 및 I_0 값을 알아야 된다. 물론 이 값들의 직접 측정도 가능하지만 보통 Rayleigh ratio가 알려진 표준물질을 선정하여 환산하는 경우가 많이 있고 표준물질로는 benzene이 흔히 사용된다.

파장에 따른 Benzene의 Rayleigh ratio, $R\theta = 10°$

파 장 (nm)	온 도 (°C)	$R\theta$ (X $10^6 cm^{-1}$)
366	23	100
436	23	45.6
488	25	32.0
546	23	15.8
633	25	11.8

K의 값을 구하는데 필요한 n_o와 λ는 사용하는 용매와 광원에 따라 다를 것이나 대부분의 경우 알려져 있는 상수가 되며, dn/dc 는 알려져 있는 경우에는 table에서 찾아서 사용할 수도 있고 굴절계를 써서 측정하기도 한다.

광산란 실험에 있어서 무엇보다도 중요한 것은 측정하고자 하는 산란광의 강도가 일반적으로 약하기 때문에 시료 속에 광을 산란하게하거나 형광을 내는 불순물의 제거이다. 시료는 물론 용매도 여과를 하거나 원심분리를 하여 먼지나 미세한 gel과 같은 불순물을 주의하여 제거하여야 한다. 요즈음 분자량의 손쉬운 결정을 목적으로 상품화되어 GPC의 detector 등으로 많이 사용되고 있는 저각도 산란장치(Chromatix KMX-6)이다. 이 경우는 복잡한 광학부품의 사용으로 구하는 장치이다. 정확도는 물론 전술한 각도 의존성을 보아 0°으로 외삽하는 방법에 못 미치나, 손쉽게 사용할 수 있고 측정 시간이 단축되어 GPC에서와 같이 연속적으로 흐르는 시료를 측정할 수 있다는 장점이 있다.

3) 준탄성 광산란 (quasi-elastic light scattering)

- 원리

준탄성 광산란, 동적 광산란(dynamic light scattering), 광양자 상관 분광법 (photon correlation spectroscopy) 등 여러 형태로 불리는 이 광산란법은 빛을 산란시키는 산란원들의 움직임에 의한 산란광의 Doppler broadening 을 이용하여 입자들의 확산계수나 이완시간(relaxation time)을 측정하는 방법으로 laser의 등장과 더불어 실험이 가능해졌고, laser의 필요성 때문에 laser 광산란법이라고도 불린다.

- 측정기기

산란장치 그 자체는 탄성 광산란 장치와 크게 다를 것이 없으며 실제로 요즈음 나오는 상품들은 두 가지의 광산란 실험을 함께 할 수 있도록 설계되어 있다. 단지 차이점은 산란광의 detector와 signal processing으로 준탄성 산란장치는 photon counting을 할 수 있는 photomultiplier를 사용하여 나오는 photon pulse를 correlator를 사용하여 자기 상관 함수를 측정한다. 같은 장치를 탄성산란에 이용하자면 자기상관함수를 구하는 대신 일정시간 동안에 감지되는 pulse의 수를 세면 바로 산란강도가 된다.

기초 연구용이 아닌 목적으로 손쉽게 사용될 수 있는 기기도 상품화되어 있으며 (예 Coulter N4), 시료만 만들어 넣으면 입자들의 크기와 분포도를 계산해 낼 수 있도록 설계되어 있다. 이러한 장치의 가장 큰 장점은 단시간(1분정도) 내에 입자들의 크기와 분포를 알아낼 수 있는 점이라고 하겠다.

8

천연물 약재의 예측적 분리

화학적 구조 해석을 적용한 HPLC 분리법을 통하여 약재에 함유되어 있는 주요한 성분들을 물리화학적인 성질로 예측하여 분리된 크로마토그램을 해석하는 방법을 적용하고자 하였다.

(1) 감초(Glycyrrhizae Radix)

감초(*Glycyrrhizae Radix*)를 구성하는 주요한 성분들은 그림 8-1에서 나타난 바와 같이, 비교적 분자량이 크고, 극성의 성질을 보이는 glycyrrhizin 및 glabric acid 성분들로 예측되는 크로마토그램이 머무름시간(RT, retention time) 4.1분에서 나타났다. 이러한 성분들은 산성의 성질이 강한 카복실산(-COOH)을 가지고 있어 용리액으로 사용된 아세토니트릴/물과 친화력이 강하여 다른 성분들보다 먼저 용리가 일어난 것으로 사료되었다. 그리고, 4.1분에서 나타난 성분의 함량은 62%으로써 감초를 이루는 주요한 성분으로 예측되었다. 그리고, 그 다음으로 나타나는

RT 8.9분에서 나타나는 부성분들은 앞서 나타난 glycyrrhizin 및 glabric acid 성분들보다 산성의 성질이 적고 복소환(heteroatom)을 가지며 방향족성(aromatic property)으로 이루어져 있어 비교적 rigid한 화학적 구조와 유사한 환(ring)구조를 가지는 liquiritin, isoliquiritin, formononetin, licoricidin, glycerol, glycirin, glycycoumarin 성분들로 예측이 되었다. RT 8.9분에서 나타나는 성분들의 함량은 약 20%를 차지하고 있었다. 이러한 성분들은 메톡시기($-OCH_3$), 알코올기(-OH) 및 카보닐기(-C=O)를 가지고 있어 용리액과 약간의 친화력을 가지고 있지만은 극성의 성질을 보이는 glycyrrhizin 및 glabric acid의 산성의 성질을 가지는 성분들과 비교하면 용리액과의 친화력은 약한 것으로 예측되었다. 더욱이, 이러한 부성분들은 rigid한 방향족성 화학적 구조로 이루어져 있어 산성의 성질을 가지는 성분들보다 늦은 머무름 시간에서 분리되는 것으로 해석되었다. 아울러, 고려해야 할 요인은 고정상(stationary phase)으로 사용한 컬럼이 가지고 있는 극성의 성질인 실리카(silica)비드인데 glycyrrhizin 및 glabric acid 성분들은 분자량이 비교적 커서 고정상과의 친화력보다는 이동상(mobile phase)의 극성의 성질이 비교적 강한 아세트니트릴/물 혼합용매와의 친화력이 훨씬 큰 것으로 화학적인 구조 및 성질차원에서 해석이 되었다.

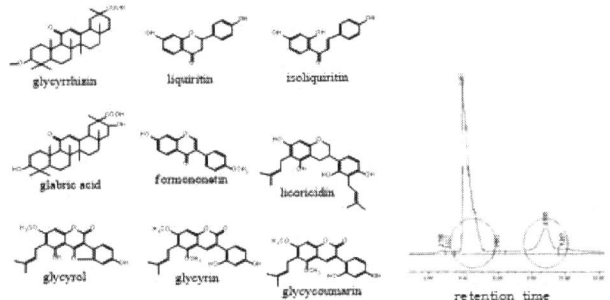

그림 8-1 The chemical structure and HPLC chromatogram of effective component of *Glycyrrhizae Radix* material.

(2) 길경(Platycodi Radix)

그림 8-2에서 보는 바와 같이, 길경(*Platycodi Radix*)을 구성하는 주요한 성분들은 다환구조(polyring strucrutre)로 이루어져 있는 것이 특징이며, 비교적 분자량이 크고 rigid한 구조를 이루고 있다. 실험에서 나타나는 RT 3.8분에서 나타나는 크로마토그램은 polygalacin 및 platycodin의 성분들로 해석되었다. 5개의 육고리구조(six membered ring structure)를 이루고 있는 rigid한 구조이지만은 주요한 기능성기(fundtional group)인 에스터기(-COO-R)를 가지고 있고, 알코올기(-OH) 및 카보닐기(-CO-)를 포함하고 있어 용리액과의 친화력이 비교적 강하게 작용하고 있음을 예측할 수 있었다. 여기에서 나타나는 주요한 성분의 함량은 72%로써 길경의 주요한 약리적 현상인 거담 및 진해작용에 관여하고 있음을 판단할 수 있었다. 그러나, RT 9.1분에서 나타나는 크로마토그램의 부성분들인 spinasterol 및 spinasterol glucoside의 화학적 구조들을 살펴보면, polygalacin 및 platycodin의 화학적 구조와 비교함으로 알 수 있는 것은 에스터기, 알코올기 및 카보닐기를 전혀 가지고 있지 않으며 아세트니트릴/물과 친화

력이 비교적 약한 큰 지방족성기(aliphatic group)를 포함하고 있다. 그리고, 3개의 육고리구조(six membered ring structure)와 1개의 5고리구조(five membered ring structure)를 가지고 있어 rigid한 화학적 구조를 이루고 있다. RT 9.1분에서 나타나는 부성분의 함량은 23%으로 조사되었다. 종합적인 화학적 구조로써 해석을 하면 RT 3.8분의 주요한 성분은 극성의 성질을 가지고 있어 이동상과의 친화력이 강한 반면에 RT 9.1분의 부성분은 극성의 성질을 나타내는 기능성기들을 함유하고 있지 않아서 이동상과의 친화력이 비교적 약한 것으로 해석되었다.

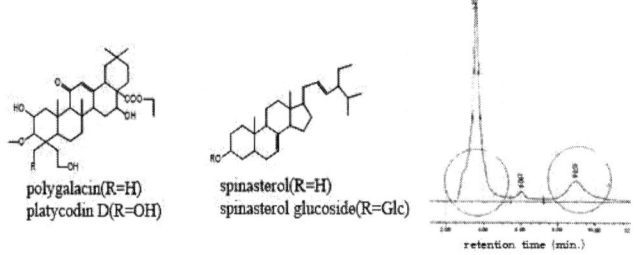

그림 8-2 The chemical structure and HPLC chromatogram of effective component of *Platycodi Radix* material

(3) 당귀(*Angelicae Gigantis Radix*)

미나리과에 속하는 당귀(*Angelicae Gigantis Radix*)는 생혈작용 및 보혈작용으로서의 탁월한 약리적 기능을 가지는 약재로서 잘 알려진 것으로 허약한 체질을 개선하는 역할로 식품으로서의 자양강장제로 관심을 끌고 있는 약재라 할 수 있다. 그림 8-3에서 보는 바와 같이, 당귀에 함유되어 있는 decursin이 잘 알려진 성분으로 그의 유도체인 decursinol angelate

및 decursinol 과 오각형고리(five membered ring)구조를 가지는 marmesin 과 xanthoxin, 그리고 umbelliferone의 유사한 화학적 구조를 가지는 성분(11)들이 함께 유사한 머무름시간(RT)에서 분리될 것으로 예측되었다. 실제로, RT 4.8분에서 이러한 성분들이 함께 나타나고 있음을 확인할 수 있었다. 사실, 3개의 육고리(six membered ring)구조를 가지는 decursin 계열의 성분들과 2개의 육각형환구조와 함께 1개의 오각형구조를 가지는 marmesin 및 xanthoxin 들의 머무름시간을 비교할 때, 2개의 육각형구조를 가지고 있는 umbelliferone의 성분은 다른 머무름시간을 가질 것이라는 예측을 하였다. 그러나 실제로 이러한 화학적 구조에서의 큰 차이점을 가지고 있지 않아서 용리액인 아세트니트릴/물과의 친화력에 있어 크게 작용하고 있지않다는 결과를 알게 되었다. 다시말해, 당귀를 구성하는 주요한 성부들을 면밀하게 살펴보면 산소원자를 포함하는 복소환구조(heteroatom ring structure)를 가지고 있으며 말단에 에스터기(ester group)로 연결된 에틸렌구조 및 알코올기를 포함하고 있어 이러한 말단기들이 크로마토그램의 분리능에 영향을 끼쳤을 것으로 해석되었다. 이와 더불어 marmesin 및 xanthoxin에서 보이는 말단의 오각형고리의 3차 알코올기와 메톡시기($-OCH_3$)들의 기능성기들이 크로마토그램의 분리능에 함께 영향을 미쳤을 것으로 예측되었다. 이러한 종합적인 화학적 성질들이 유사하게 작용하여 같은 머무름시간대에서 크로마토그램을 보였을 것으로 분석되었다. RT 4.8분에서의 주요한 성분들의 함량은 87%정도로 다른 약재들의 함량보다 매우 높은 함량을 나타내었다.

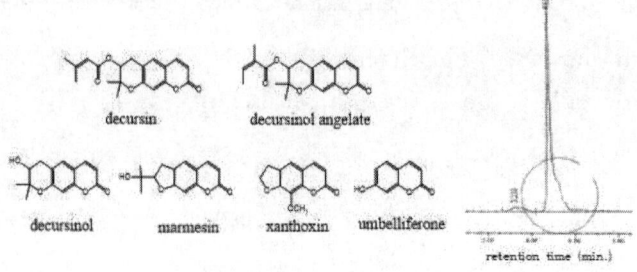

그림 8-3 The chemical structure and HPLC chromatogram of effective component of *Angelicae Gigantis Radix* material

(4) 자초(Lithospermi Radix)

자초(*Lithospermi Radix*)의 경우는 최근에 더욱 각광을 받고 있고, 보라색을 띠고 있는 약재로 해독 및 항염증의 약리적인 기능성을 나타내고 있어 식품 및 화장품의 원료로서도 많이 응용되고 있는 유용한 약재이기도 하다. 그림 8-4에서 보는 바와 같이, 자초를 구성하는 성분들의 화학적 구조들을 면밀하게 검토하여 보면 알코올기 및 카복닐기 그리고 지방족 사슬(aliphatic chain)기를 가지는 shikonin, deoxyshikonin, lithospermidin, alkanin, 및 anhydroalkanin 성분과 같은 벤조퀴논(benzoquinone)류를 포함하고 있는 성분들로 이루어져 있으며, 중심부를 기준으로 양쪽의 말단기에 디하이드록시페닐기(dihydroxyphenyl group)을 포함하며 에스터기와 카복실기를 가지는 산성의 성질인 lithospermic acid 들이 주요한 성분들로 알려져 있다. 크로마토그램에서 나타나는 RT 4.4분의 피크는 산성의 성질을 가지며 분자량이 비교적 큰 lithospermic acid 성분으로 해석되며, 나머지 벤조퀴논(benzoquinone)류를 포함하고 있는 성분들이 RT 8.7분에서 보이는 것으로 예측되었다. 두 번째 피크의 형태를 보면 다수의 유사한 성분들이 혼합되어 있어 약간은 넓은 면적을 가지는 크로마토그램을 보이는 것으로 해석되었다. 더욱이, 두 번째에서 나타나는 성분들에는 isobutylshikonin도 함유되어 있어 다소 넓은 피크에 영향을 주었을 것으로 예측되었다. 특히, 첫 번째에서 나타나는 성분의 화학적 구조들을 보면, 5개의 알코올기와 2개의 카복실기를 가지는 매우 유연한(flexible) 구조를 가지고 있어 용리액인 아세토니트릴/물과 매우 친화력이 강하여 먼저 용리가 일어난 것으로 해석되었다. 두 번째로 용리되는 성분들은 Shikonin류로서 lithospermic acid보다 다소 rigid하고 보다 적은 알코올기와 지방족 사슬을 가지고 있어 용리액과의 친화력이 비교적 약하고 고정상을 이루고 있는 다공성인 부분에 보다 오래 머물러 있음을 예측할 수 있었다. 지치를 이루고 있는 성분들의 함량비는 다른 약재를 구성하는 함량비와 다르게 거의 동일한 함량비를 보였다. 다시말해, RT 4.4분에서의 lithospermic acid의 함량은 52%였으며, RT 8.7분에서 나타나는 Shikonin류의 함량은 48%로 나타났다.

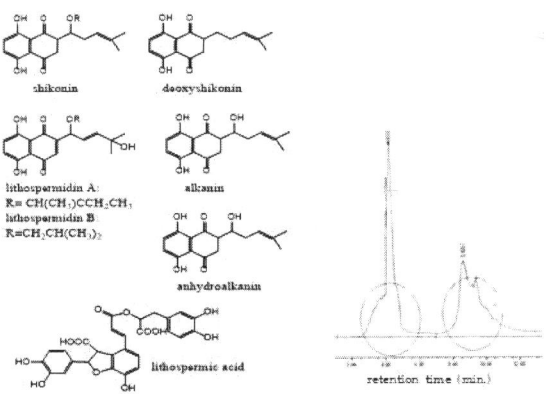

그림 8-4 The chemical structure and HPLC chromatogram of effective component of *Lithospermi Radix* material

(5) 천궁(Cnidii Rhizoma)

이 약재는 당귀와 마찬가지로 보혈과 강장의 약리적 기능성을 나타내는 대표적인 약재이며, 식물의 근경을 약재로서 사용한다. 이 약재의 주요한 성분에도 여러 가지 유사한 화학적 구조들을 가지는 것으로 알려져 있다. 그림 8-5에서 보는 바와 같이, 천궁의 주요한 성분으로서 화학적 구조로서 말단기에 부틸기(butyl group)를 가지는 cnidilide류의 성분들로 이루어져 있고, 그의 유도체들인 senkynolide, ligustilide, neocnidilide 및 butylphthalide 들로 이루어져 있다. 여기서, senkynolide의 경우, 치환기의 위치에 따라 여러 종류의 유도체들이 존재하고 있음을 알 수 있다. 이러한 주요 골격구조를 이루는 것은 phthalic 계통인 한 개의 육각형구조와 한 개의 오각형구조로서 rigid한 구조를 가지고 있는 것이 특징적이며, 이러한 phthalic계통의 구조들은 다른 약재에서도 흔히 볼 수 있는 구조들이다. 크로마토그램에서 보면, RT 3.6분에서 한 개의 주요한 피크를 보였으며 88%의 함량을 나타내었다.

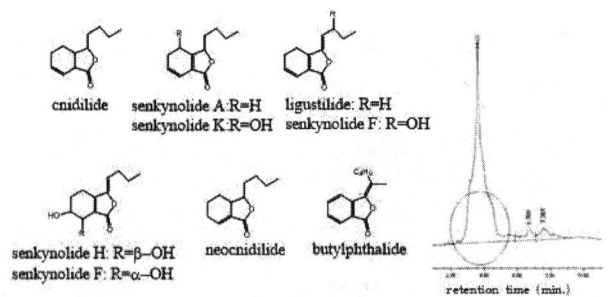

그림 8-5 The chemical structure and HPLC chromatogram of effective component of Cnidii Rhizoma material

(6) 황기(Astragali Radix)

이 약재는 콩과에 속하는 근류를 건조하여 여름철의 보양식에 들어가는 약재로서 지한 및 이뇨작용을 약리적 기능을 가지며 강장제로서 대표적으로 사용되는 약재이기도 하다. 인삼과 함께 사포닌류를 다량 함유하고 있으며 식품중 음용수의 상품으로 많이 사용되고 있는 추세에 있다. 특히, 근류에 붙어있는 잔뿌리에 다량의 사포닌이 함유되어 있다는 것이 알려지면서 여러 종류의 식품류로 관심을 모이고 있다.

그림 8-6에서 보는 바와 같이, 황기의 주요 성분으로는 soyasaponin 및 astragaloside I-IV 류가 있으며, 그의 골격구조를 살펴보면 5개의 육각형고리 및 3개의 육각형고리와 1개의 오각형고리 그리고 여기에 산소원자를 포함하는 오각형고리가 연결되어 있는 구조를 이루고 있다. 이러한 화학적 구조는 앞서 길경의 주요성분인 polygalacin 및 platycodin의 골격구조와 유사한 구조로서 약재에서 흔히 볼 수 있는 구조들이다. 그러나, 말단기(-R)부분에 다른 큰 당류들이 붙어있어 더욱 복잡하고 분자량이 큰 구조임을 알 수 있다. 이러한 주요 성분들은 RT 4.2분에서 나타나는 전형적인 사포닌류의 피크들이다. 한편, 두 번째 크로마토그램은 RT 13.8분과 15.5분에서 비교적 넓고 작은 피크가 나타났다. 이 작은 피크들은 메톡시기가 하나붙은 formononetin, 두 개 붙은 astrapterocarpan 및 세 개 붙은 astaisoflavan 성분들에 기인한 것으로 판단되었다. 여기서, 두 번째 피크에 해당되는 성분으로서 비교적 rigid하고 용리액과 친화력이 강하지 않은 치환기들로 이루어져 있음을 확인할 수 있었다. soyasaponin 및 astragaloside I-IV 류의 함량은 약 77%을 이루고 있음을 알 수 있었다. 그리고, 메톡시기가 하나씩 늘어남에 따라 크로마토그램에 있어 RT 차이에 크게 영향을 주지는 않는 것으로 해석되었다.

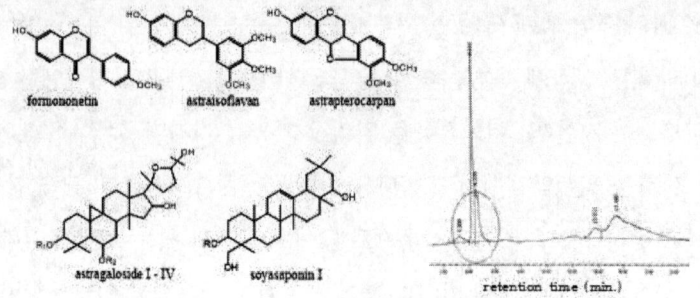

그림 8-6 The chemical structure and HPLC chromatogram of effective component of *Astragali Radix* material

(7) 황백(*Phellodendri Cortex*)

이 약재는 운향과에 속하는 식물의 줄기를 약재로 사용하고, 혈당저하 작용 및 살균작용에 탁월한 약리적인 기능을 가지고 있는 것으로 알려져 있다. 그림 8-7에서 보는 바와 같이, 황백에는 여러 종류의 주요 성분들이 함유되어 있고, RT 4.2분에서 나타나는 크로마토그램은 메톡시기를 가지는 양이온성 물질인 berberine, palmitine, jateorrhizine 및 magnoflorine에 의한 성분으로 예측되었다. 이러한 성분들은 질소원자에 양이온을 가지고 있어 용리액과의 친화력이 강하며, 메톡시기를 가지고 있어 용리액과의 친화력을 상당히 크게 만드는 작용을 하는 것으로 판단되었다. 네 개의 육각형고리를 가지고 있어 rigid한 구조를 가지고 있지만은 용리액과의 친화력을 강하게 만드는 메톡시기 및 알코올기에 의한 interaction의 영향에 기인하여 빠른 시간대에서 용리되었을 것으로 해석되었다. 그리고, RT 9.5분에서 나타나는 크로마토그램은 알코올기 및 카보닐기를 가지는 phellamurin과 phellamuretin의 성분들로 인한 피크로 예측되었다. 더불어, RT 11.3분에서 나타나는 작은 크로마토그램은 obakunone의 성분에 기인한 것으로 판단되었다. 이 성분은 3개의 육각형고리와 한 개의 칠각형고리를 가지는 특이한 구조를 가지는 성분으로 용리액의 극성용매와의 친화력이 다소 작게 작용하고 있음을 예측하게 되었다. berberine, palmitine, jateorrhizine 및 magnoflorine에 의한 성분으로 예측되는 함량은 57%로 확인되었고, phellamurin과 phellamuretin의 성분들의 함량은 22% 와 obakunone의 성분의 함량은 8%정도로 확인할 수 있었다.

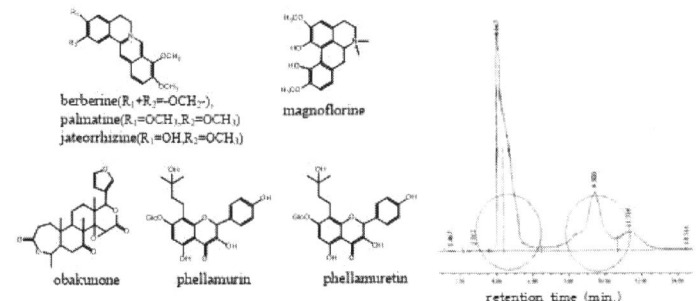

그림 8-7 The chemical structure and HPLC chromatogram of effective component of *Phellodendri Cortex* material.

9

천연물 유기화학구조

　기능성 식품류에 응용되는 천연물의 다양한 성분들을 유기 화학적 구조로 살펴보고, 구조에서 나타나는 기능성기(functional group)들을 조사함으로써 LC분석을 수행하는데 있어 친수성 및 친유성과 같은 물리화학적 특성에 따른 분리분석능력을 예측하는 것이 가능하다. 따라서, 천연물에 따른 대표적인 주요 구성 성분들을 다음과 같이 유기화학구조로 열거한다.

강활: nodakenin, falcarindiol

nodakenin

falcarindiol

구기자: physalien, zeaxanthin, betaine

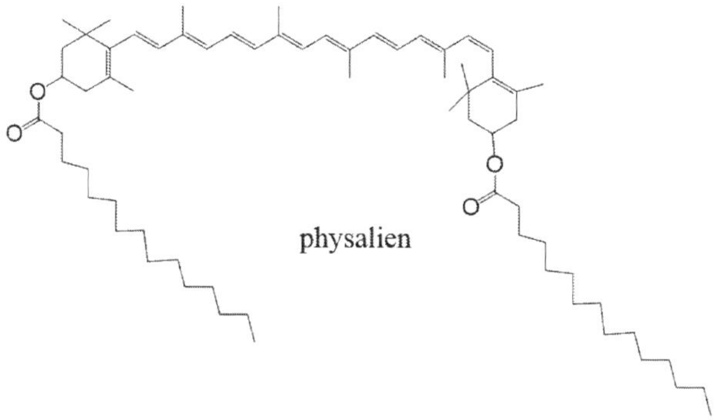

physalien

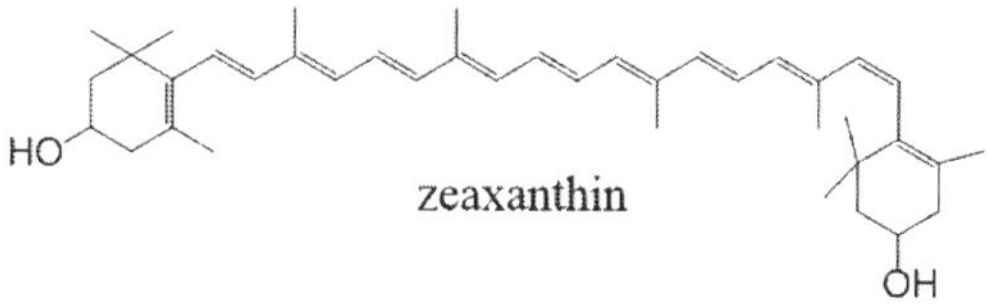

zeaxanthin

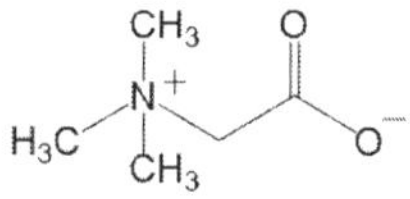

betaine

내복자: erucic acid, linoleic acid, linolenic acid, sinapic acid

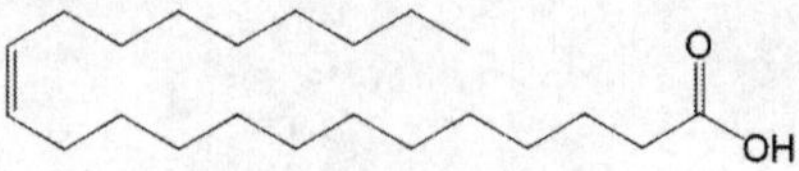

erucic acid

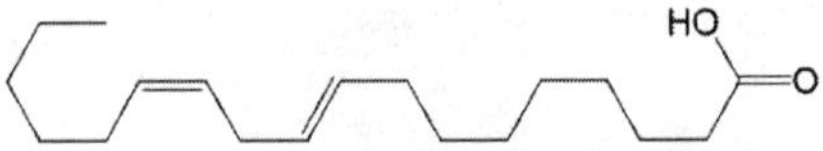

linoleic acid

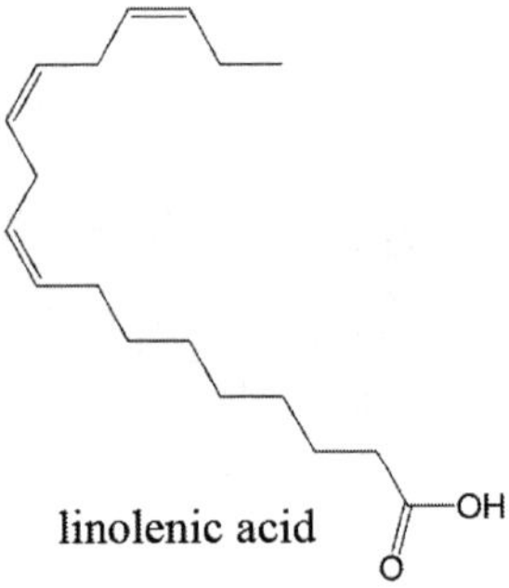

linolenic acid

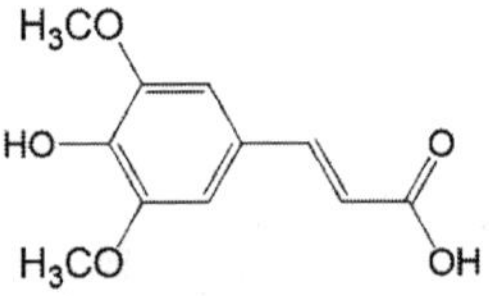

sinapic acid

선복화: taraxasterol, xanthalongin, luteolin, quercetin

세신: methyleugenol, sesamine

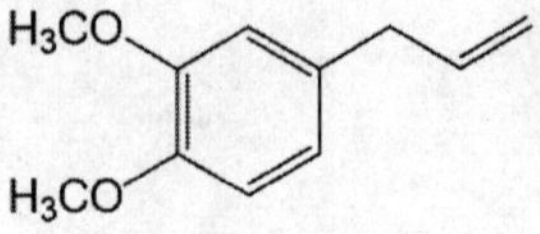

methyleugenol

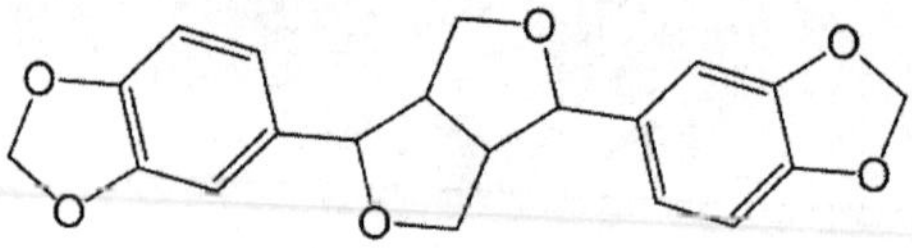

sesamine

신이: veragensin, lignan, magnolone, coclaurine

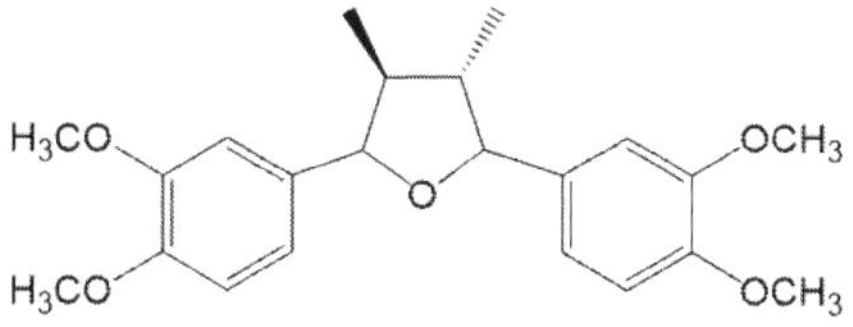

veragensin

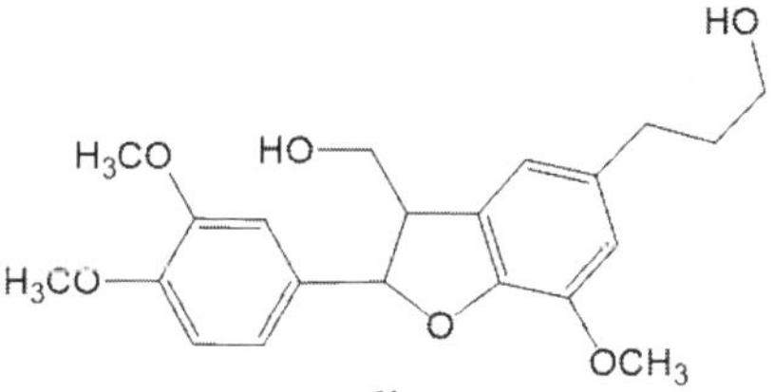

lignan

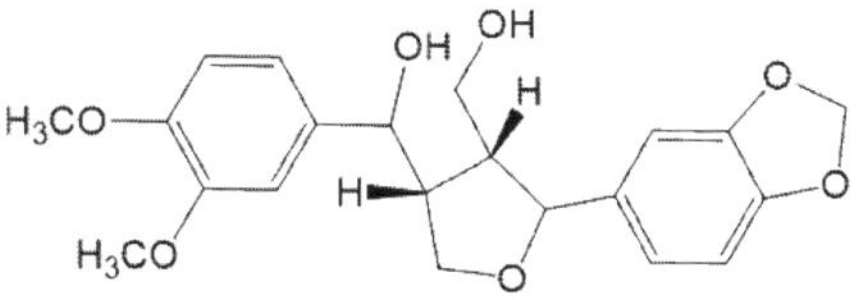

magnolone

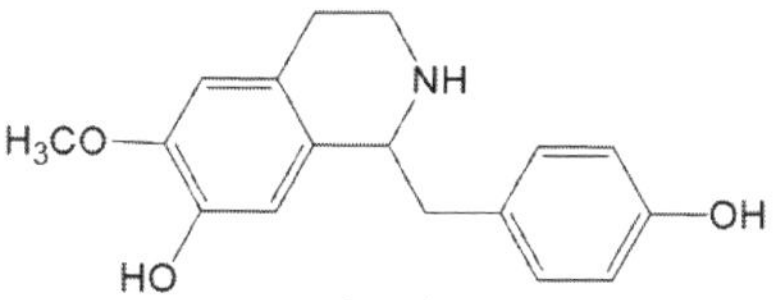

coclaurine

여정실: lucidumoside A, B, liqustroside, oleuropein, ligustrin

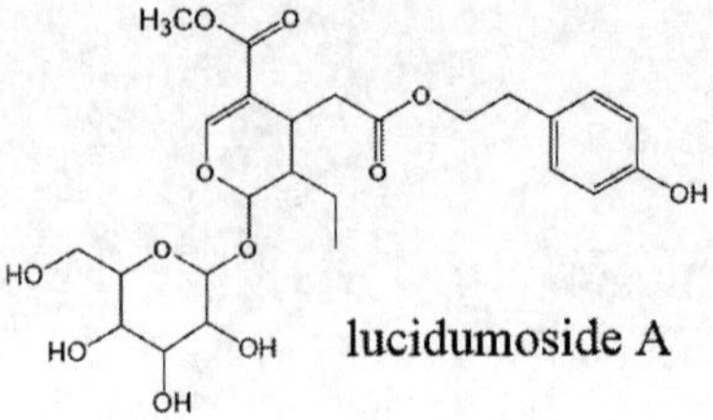

lucidumoside A

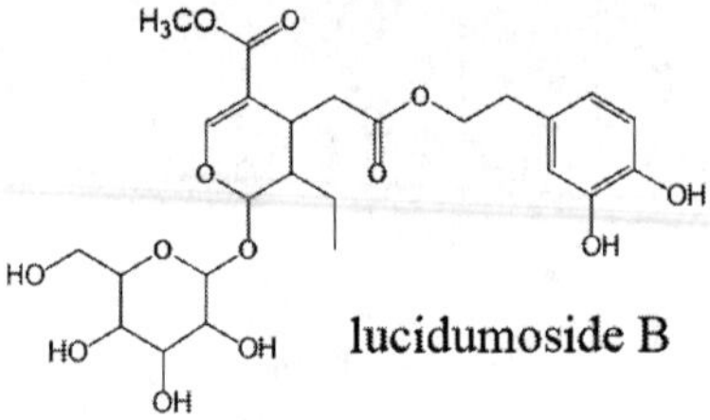

lucidumoside B

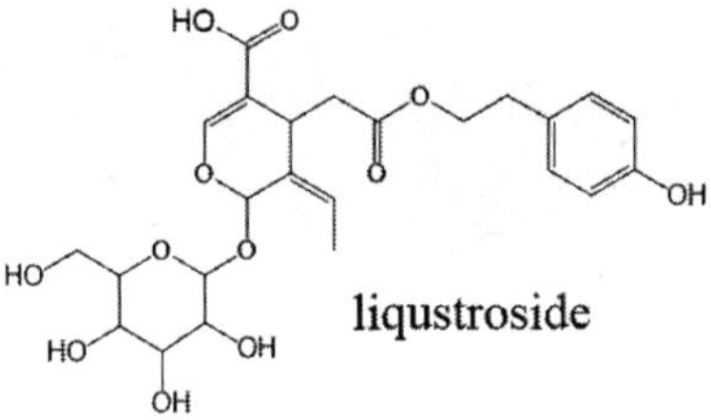

liqustroside

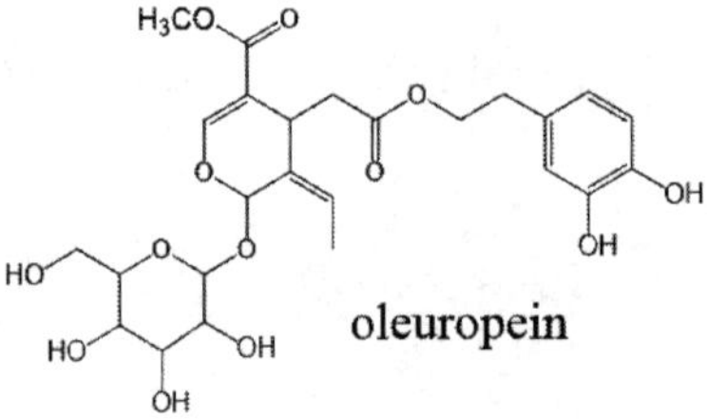

oleuropein

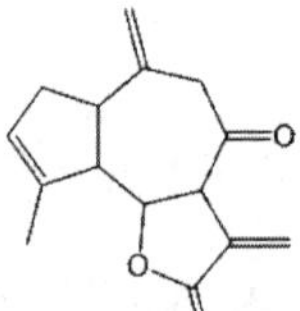

ligustrin

영지: gyrophoric acid, lecanoric acid, ganoderic acid A, B, ganosporeric acid A, ganoderiol A

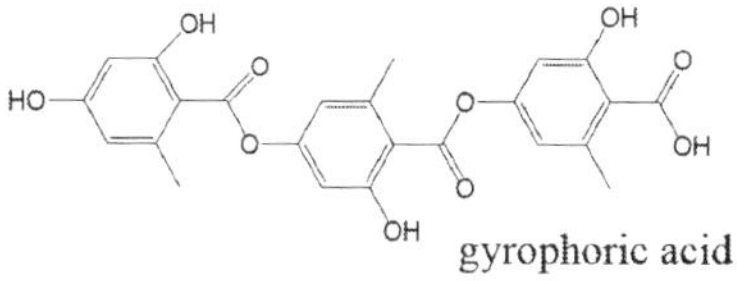

gyrophoric acid

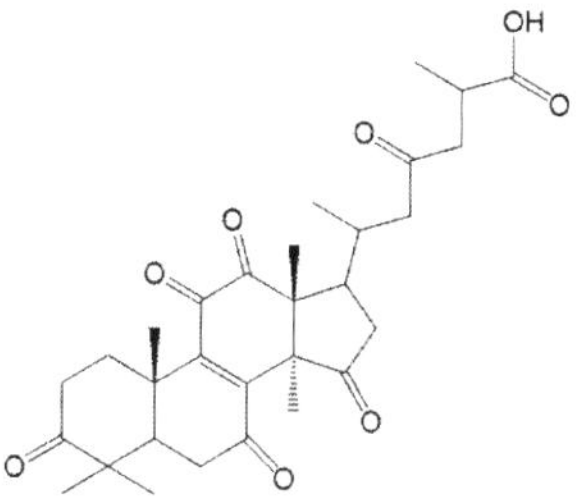

lecanoric acid

ganosporeric acid A

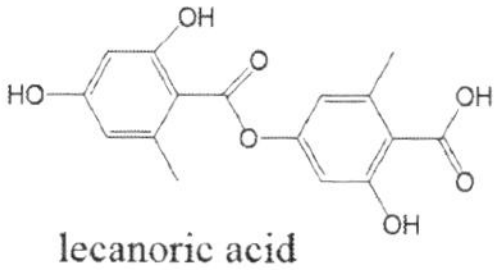

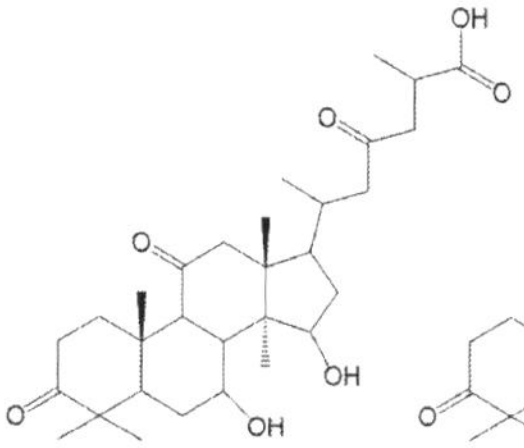

ganoderic acid A

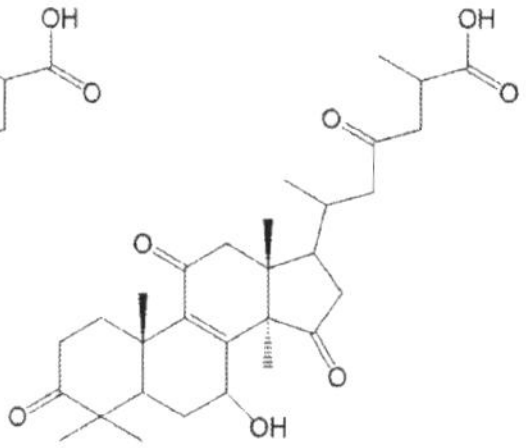

ganoderic acid B

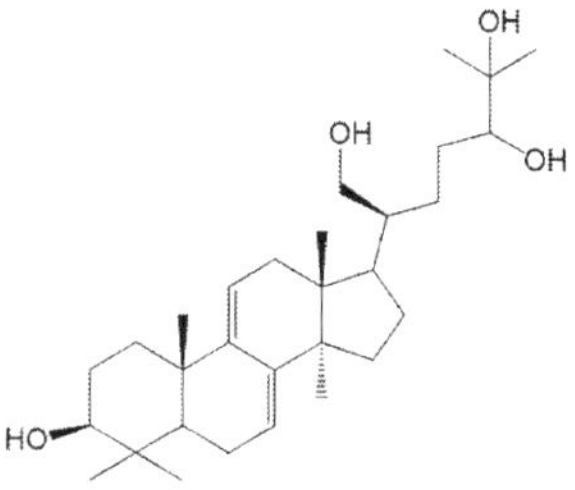

ganoderiol A

오가피: eleutheroside B, E

eleutheroside B(syringin)

eleutheroside E

용담: glucopyranosylgentiopicroside, glucopyranosylamplexine

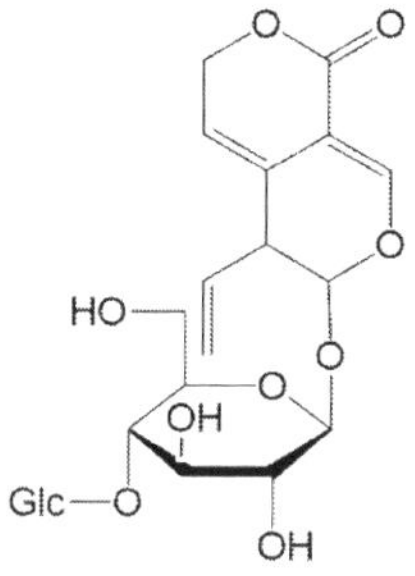

glucopyranosylgentiopicroside

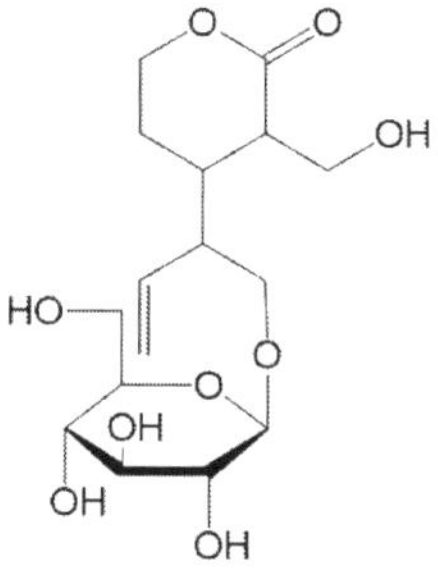

glucopyranosylamplexine

우슬: oleanolic acid, hederagenin, inokosterone, ecdysterone, ponasteroside

oleanolic acid(R_1=CH$_3$, R_2=COOH)
hederagenin(R_1=CH$_2$OH, R_2=COOH)

inokosterone(R_1=H, R_2=OH, R_3=H)
ecdysterone(R_1=OH, R_2=R_3=H)
ponasteroside A(R_1=R_2=H, R_3=Glu)

울금: curcumin, *p*-tolylmethylcarbinol, turmerone, α, γ-turmerone, curcumol

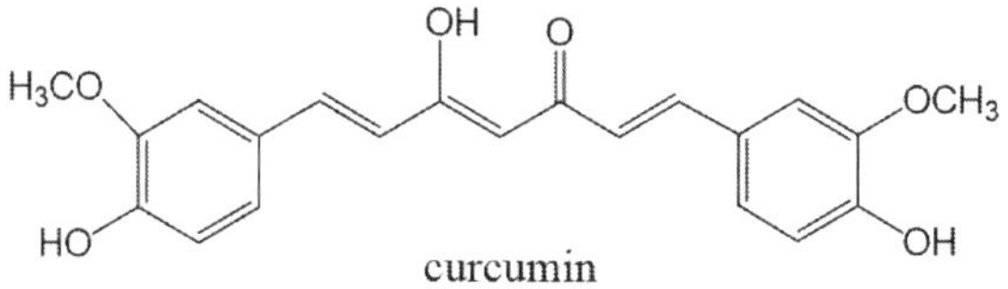

curcumin

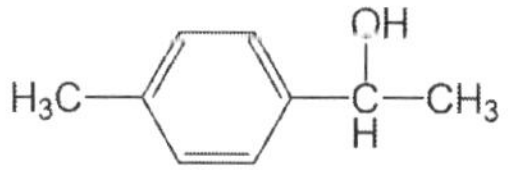

p-tolylmethylcarbinol

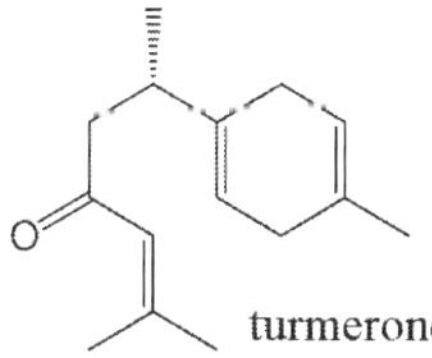

turmerone

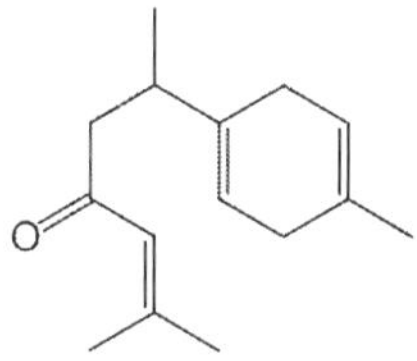

α,γ-turmerone

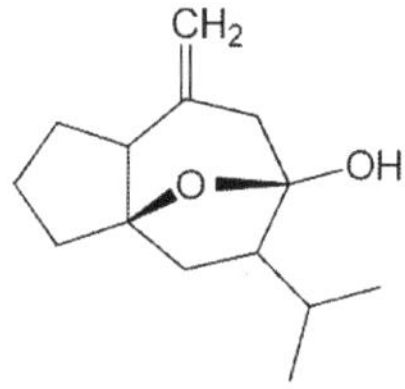

curcumol

익모초: leonurine, stachydrine

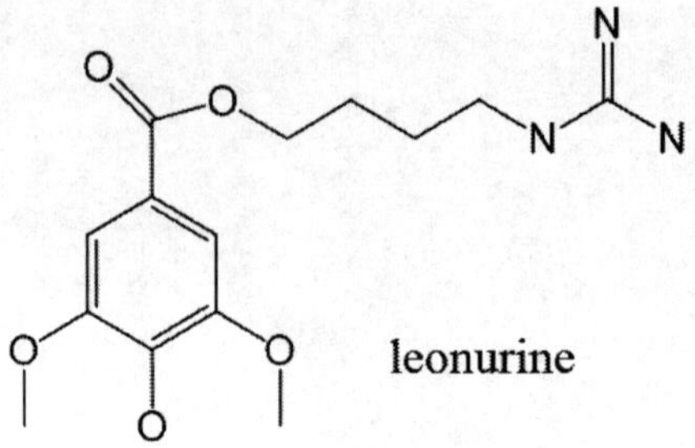

leonurine

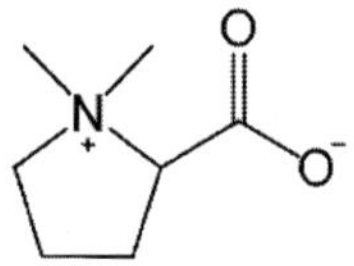

stachydrine

인삼: gisenoside Ra, Rb1, Rb2, Rb3, Rc, Rd, Rg3, F2, Rh2, Re, R1, R2, Rf

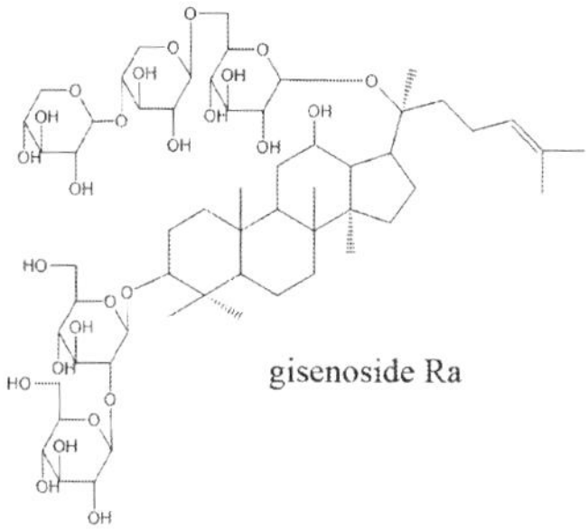

gisenoside Ra

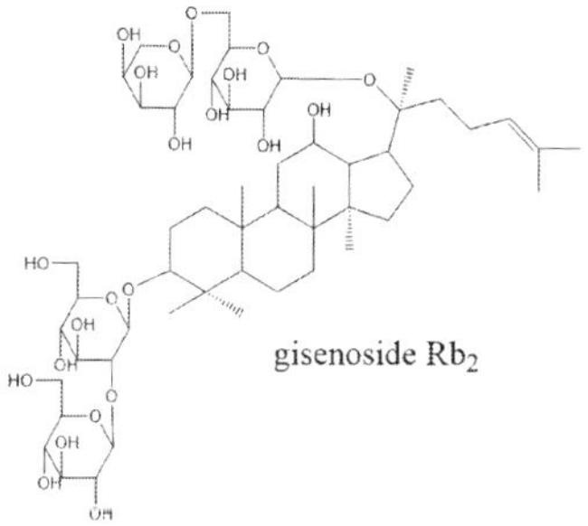

gisenoside Rb₂

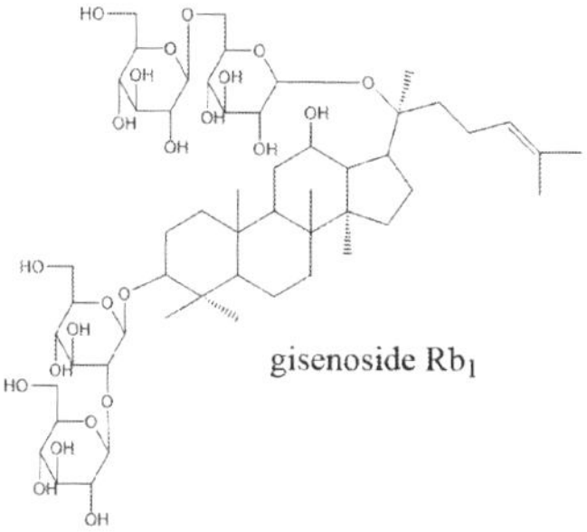

gisenoside Rb₁

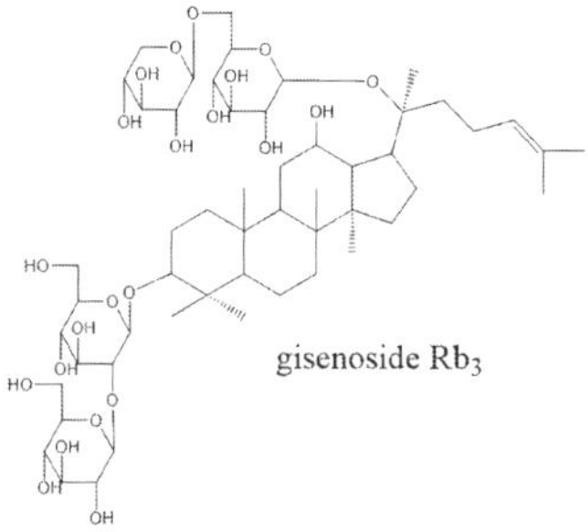

gisenoside Rb₃

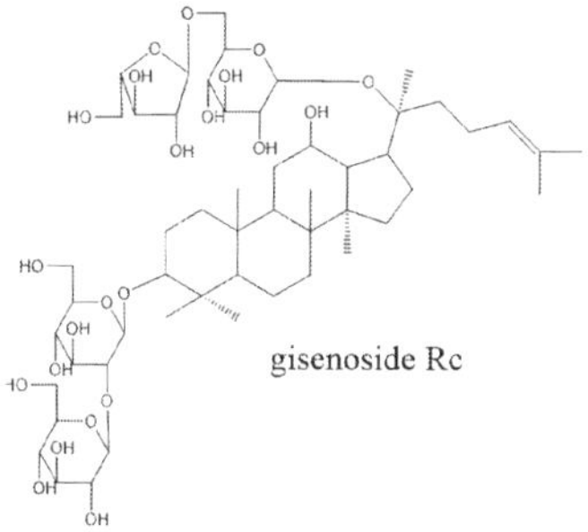

gisenoside Rc

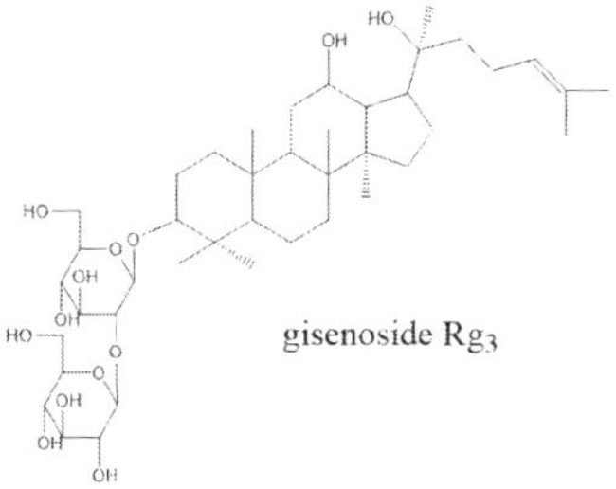

gisenoside Rg₃

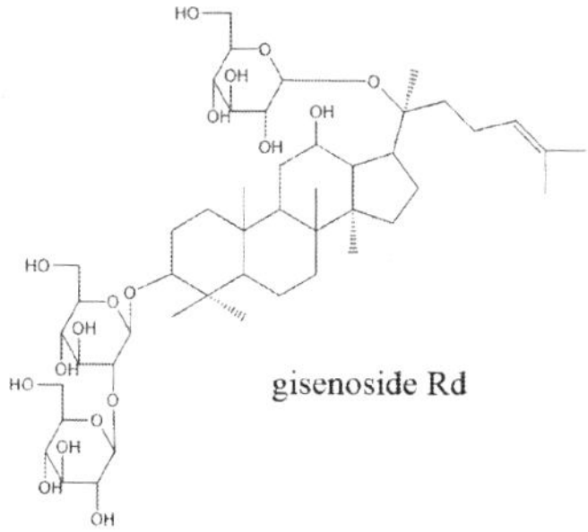

gisenoside Rd

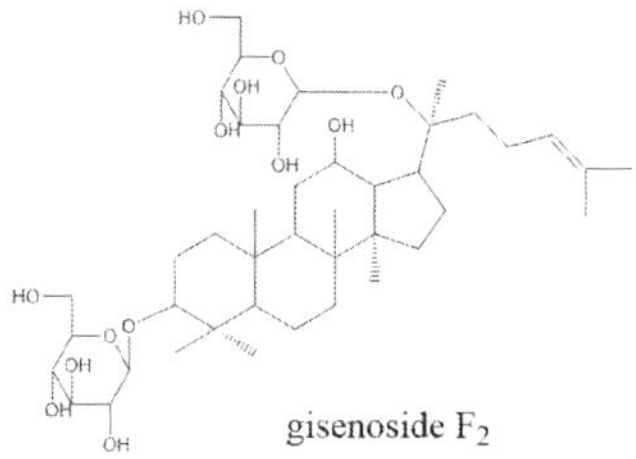

gisenoside F₂

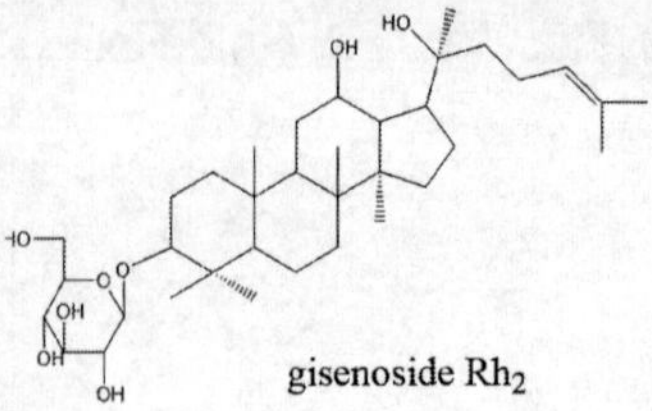

gisenoside Rh₂

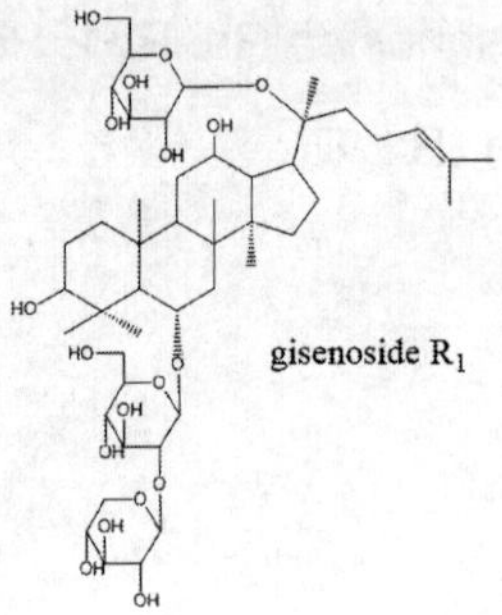

gisenoside R₁

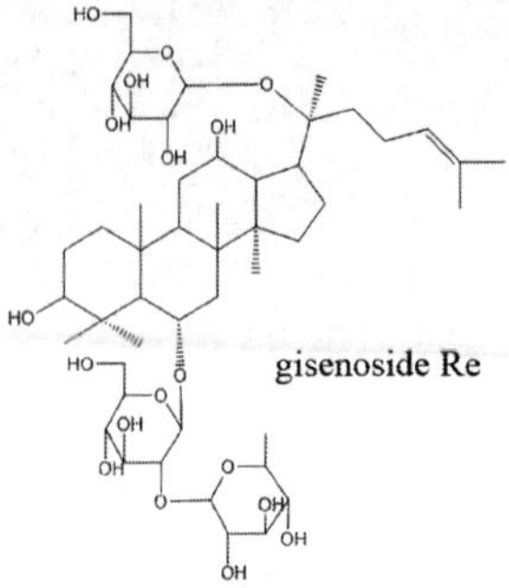

gisenoside Re

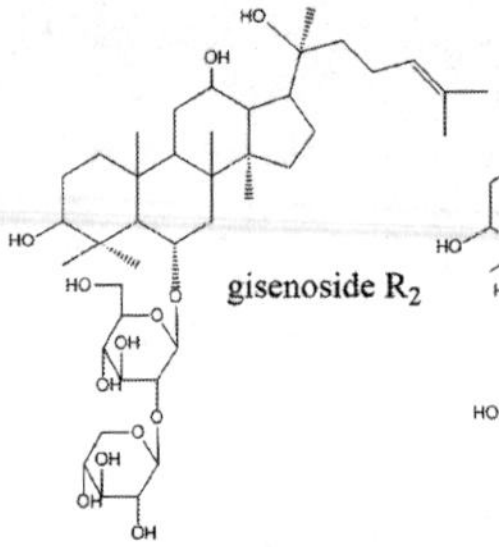

gisenoside R₂

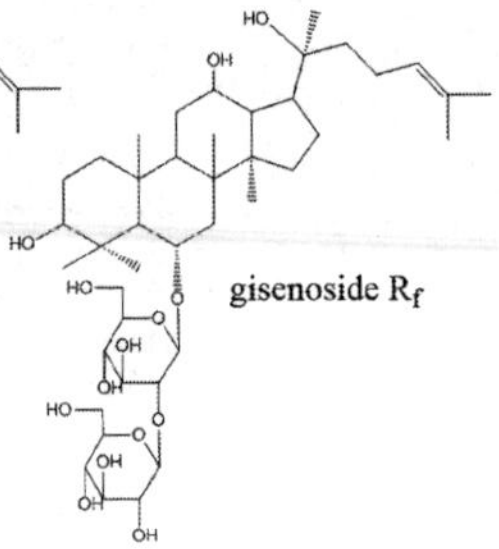

gisenoside R_f

저령: erogone, spironolactone, biotin, polyporusterone A, B

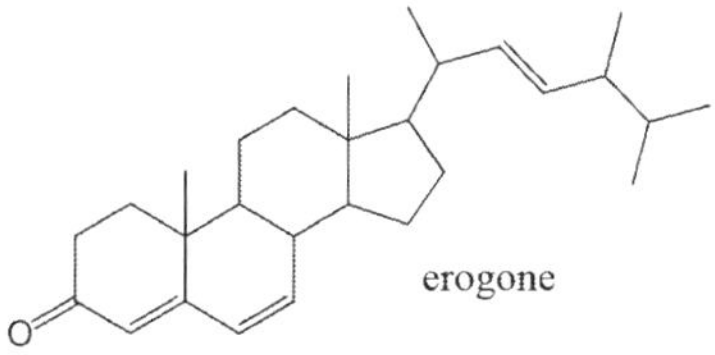

erogone

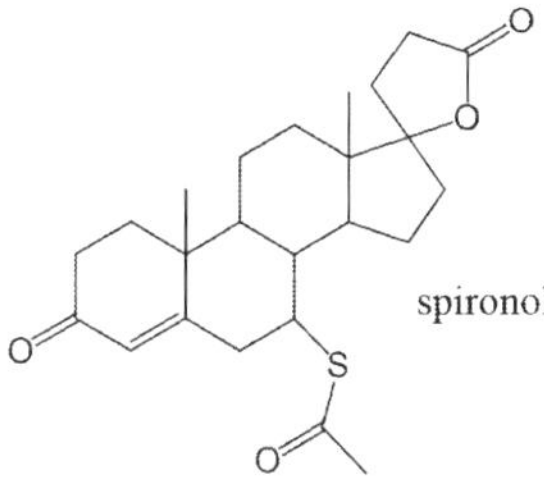

spironolacetone

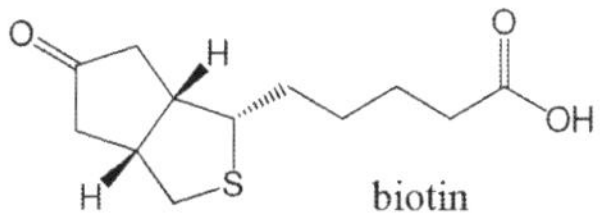

biotin

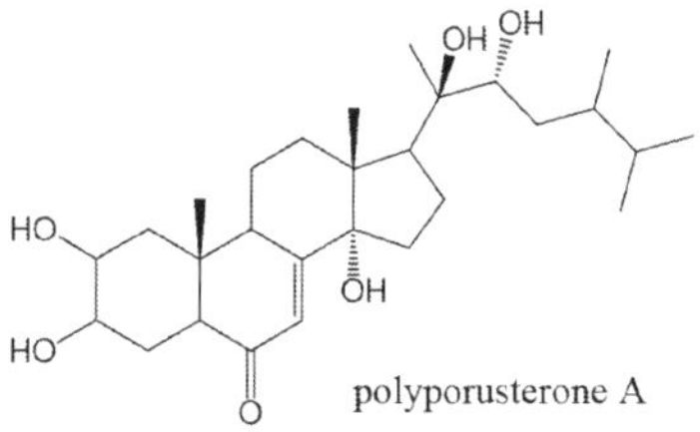

polyporusterone A

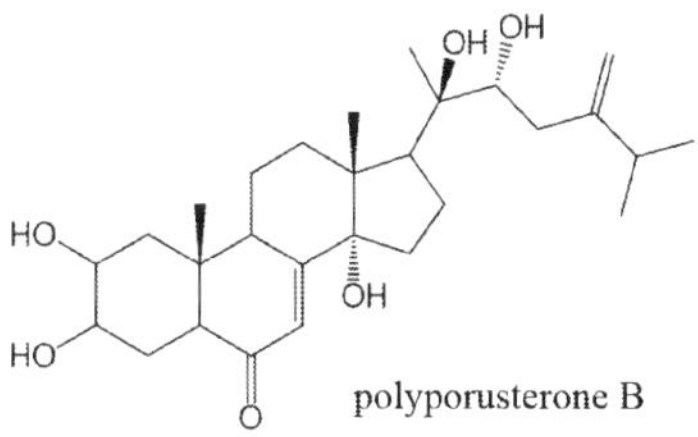

polyporusterone B

조구등: rhynchophylline, isorhynchophylline, corynoxeine, isocorynoxeine

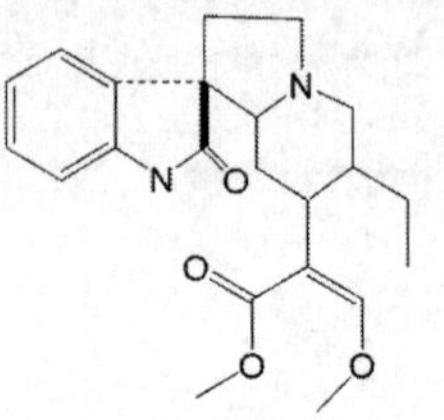

rhynchophylline

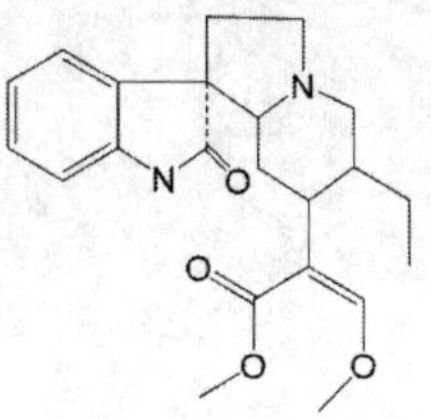

isorhynchophylline

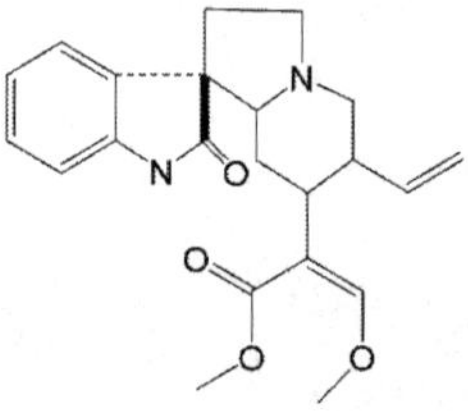

corynoxeine

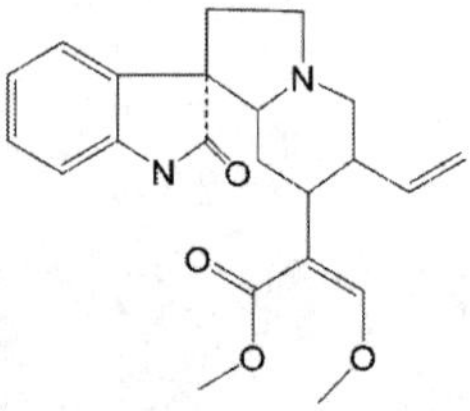

isocorynoxeine

차전자: aucubin, scutellarein, plantainoside A, plataginin

참당귀: decursinol, umbelliferon, iso-imperatorin

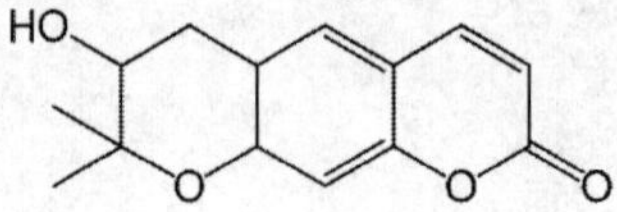

decursinol

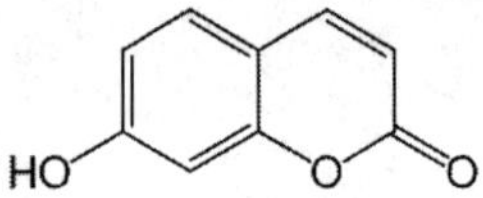

umbelliferon

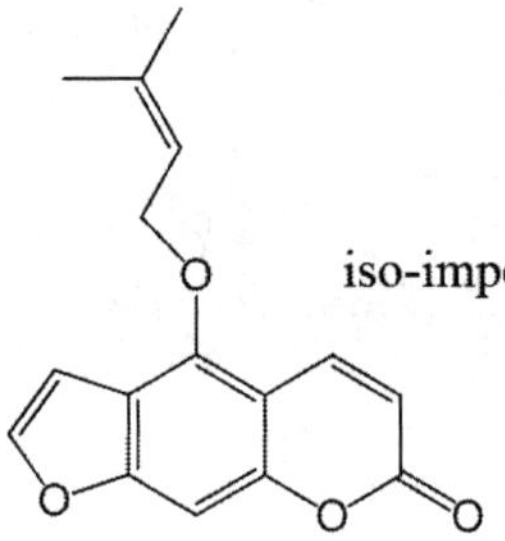

iso-imperatorin

천궁: senkyunolide E, ligustilide, ligustilidiol, neocnidilide, ferulic acid

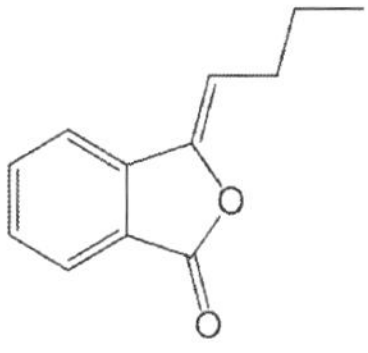

senkyunolide E

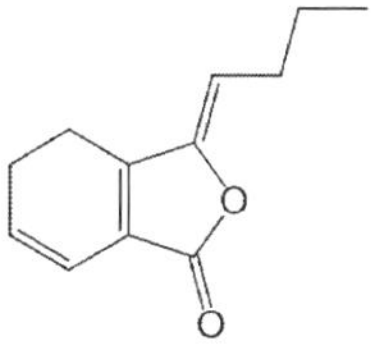

ligustilide

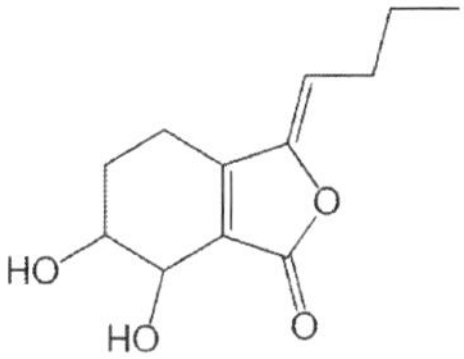

ligustilidiol

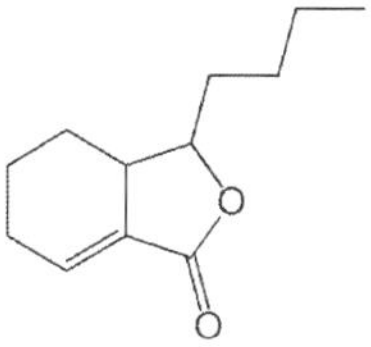

neocnidilide

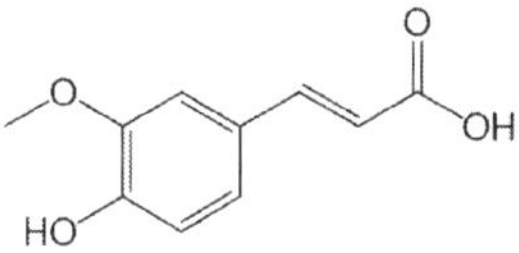

ferulic acid

천문동: asparacosin A, B, 3'-methoxyasparenydiol, asparenydiol
3'-hydroxy-4'-methoxy-4'-dehydroxynyasol, nyasol
3'-methoxynyasol, 1,3-di-*p*-hydroxyphenyl-4-penten-1-one
trans-coniferyl alcohol

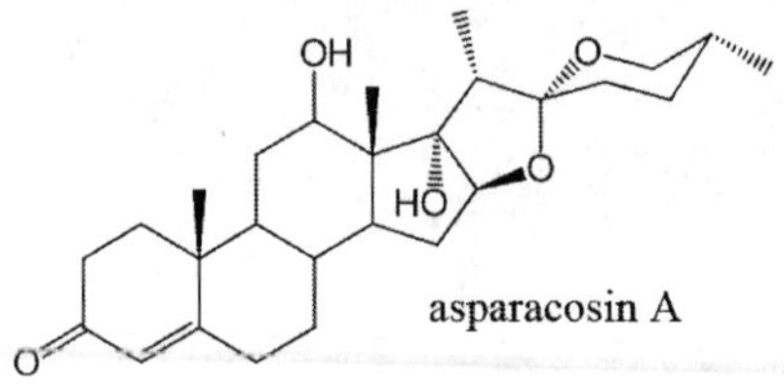

asparacosin A

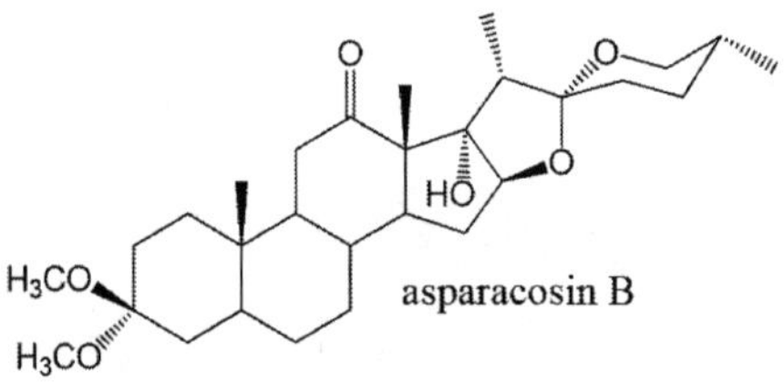

asparacosin B

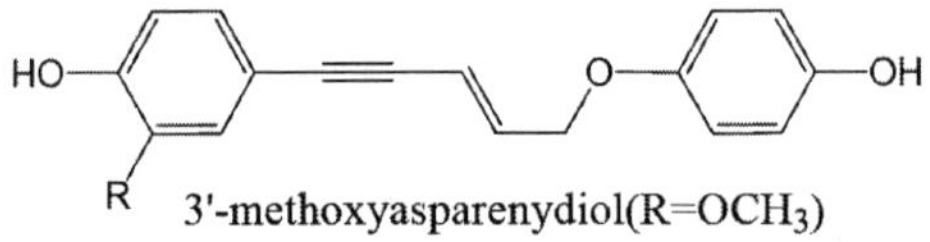

3'-methoxyasparenydiol(R=OCH$_3$)
asparenydiol(R=H)

3'-hydroxy-4'-methoxy-4'-dehydroxynyasol(R_1=OH, R_2=OCH_3)
nyasol(R_1=H, R_2=OH)
3'-methoxynyasol(R_1=OCH_3, R_2=OH)

1,3-di-*p*-hydroxyphenyl-4-penten-1-one

trans-coniferyl alcohol

포공영: neolupenol acetate, tarolupenol acetate, austricin

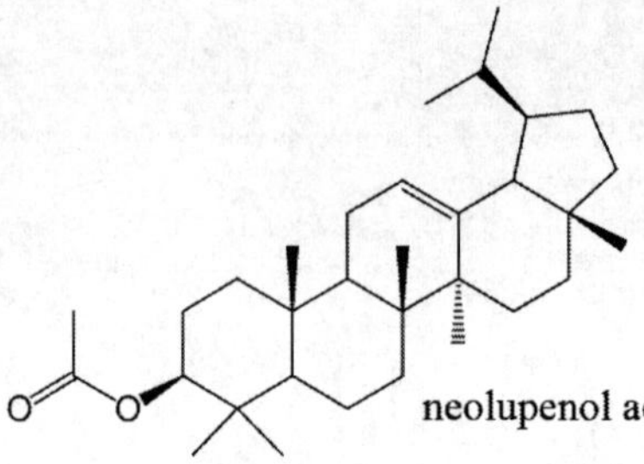

neolupenol acetate

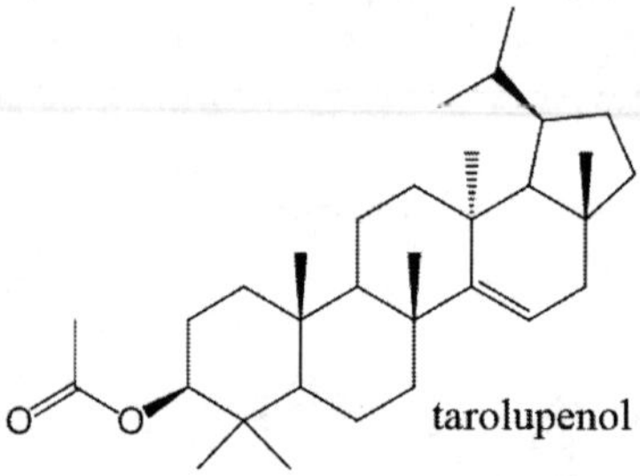

tarolupenol acetate

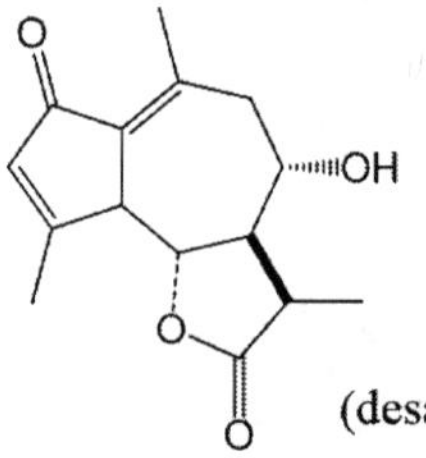

austricin
(desacetylmatricarin)

하수오: chrysophanol, rhein, 2,3,4',5'-tetrahydroxystilbene, polygonimitin B

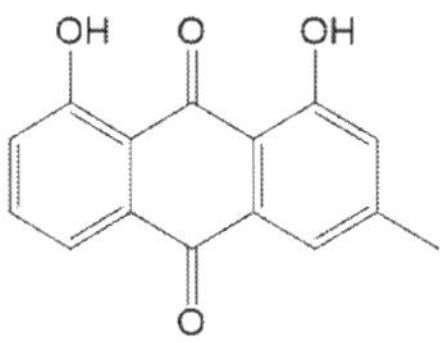

chrysophanol

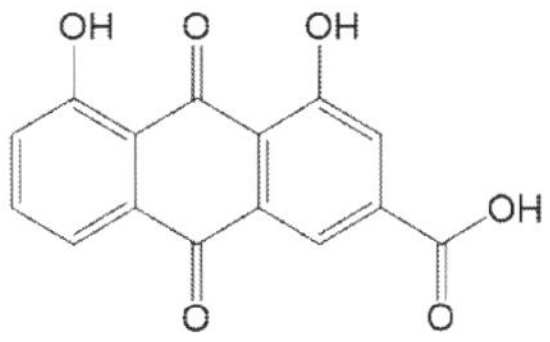

rhein

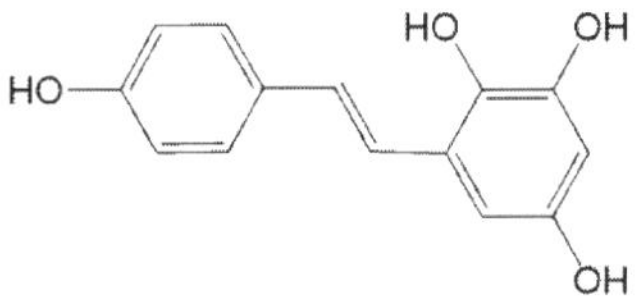

2,3,4',5-tetrahydroxystilbene

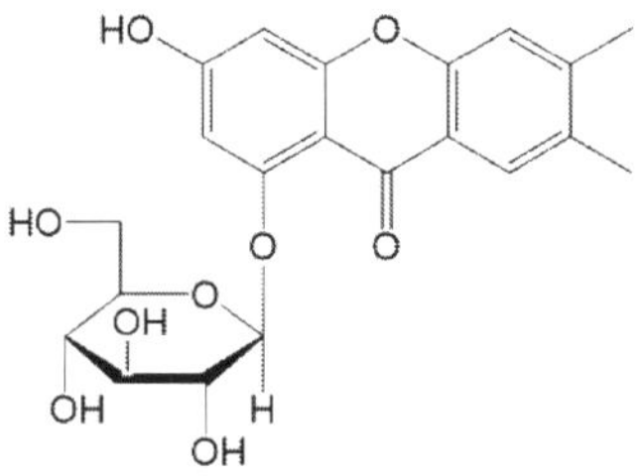

polygonimitin B

향부자: cyperene, cyperol, isocyperol, sugetriol, sugeonol, cyperotundone cyperenone, kobusone, isokobusone, atchoulenone, breviquinone cyperaquinone, conicaquinone, scabiquinone, scaberine, breverine

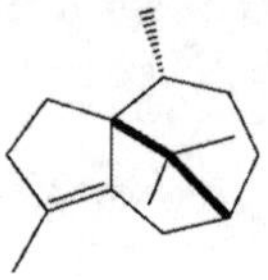

cyperene

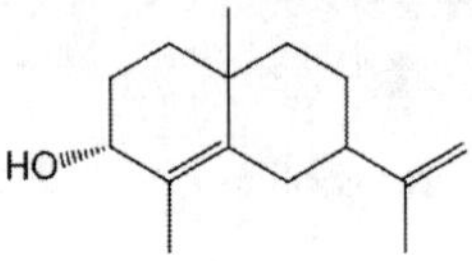

cyperol

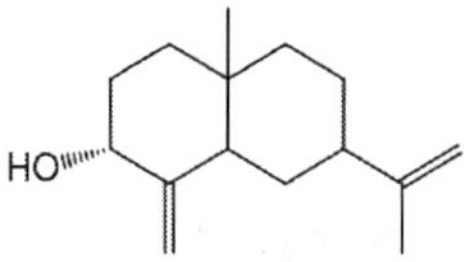

isocyperol

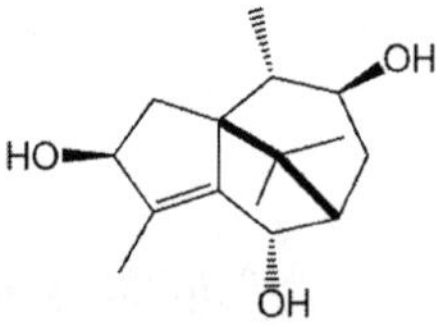

sugetriol

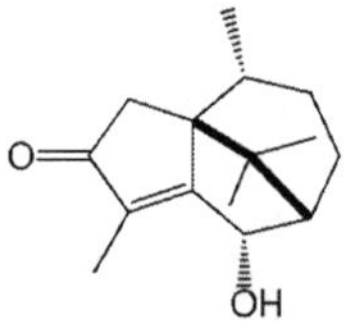

sugeonol

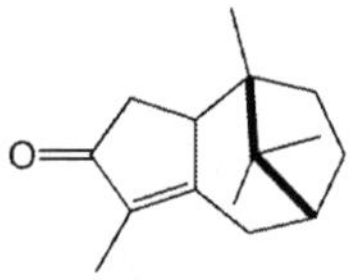

cyperotundone

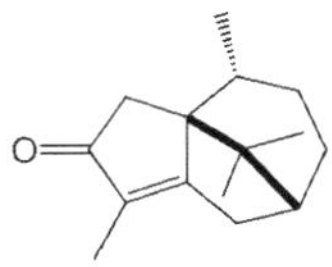

cyperenone 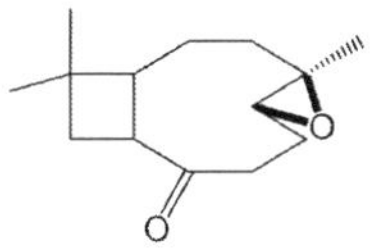 kobusone

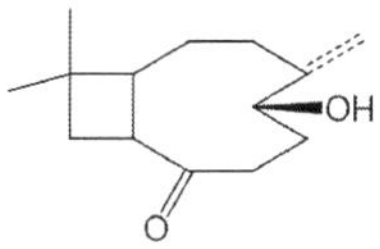

isokobusone 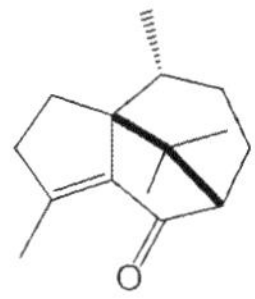 patchoulenone

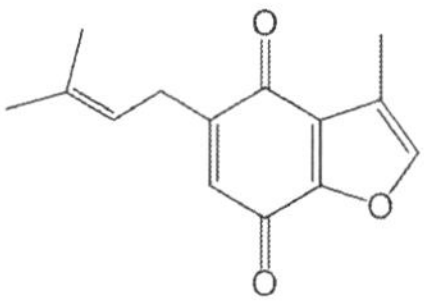

breviquinone 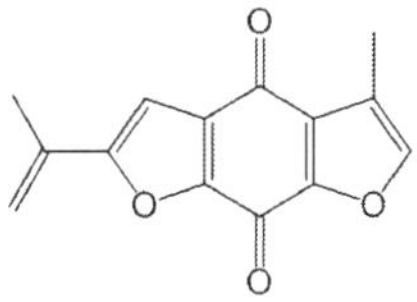 cyperaquinone

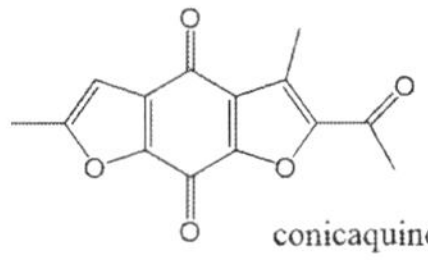

conicaquinone

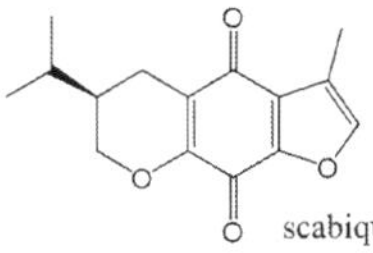

scabiquinone

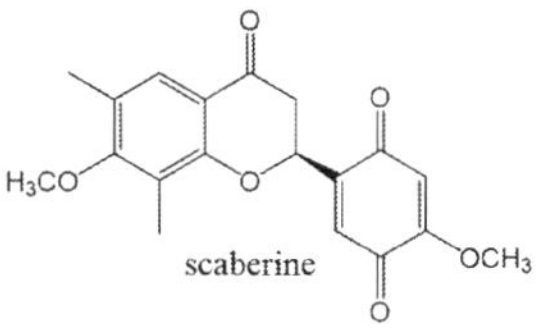

scaberine

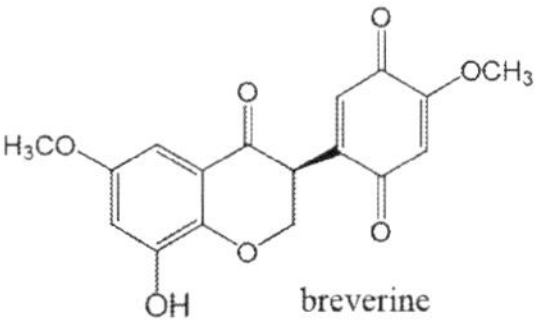

breverine

형개: menthone, pulegone, schizonodiol, schizonol schizonepetoside A, B, C, D

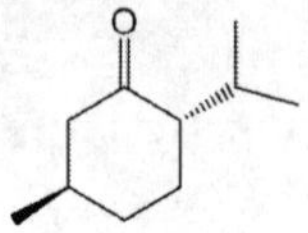

menthone

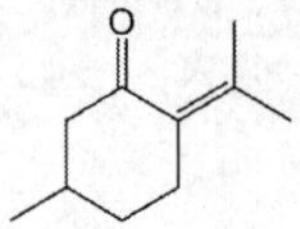

pulegone

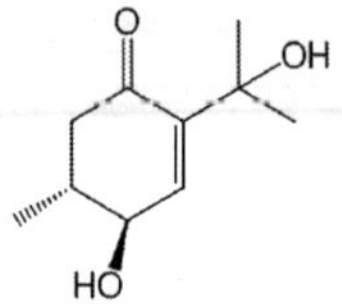

schizonodiol

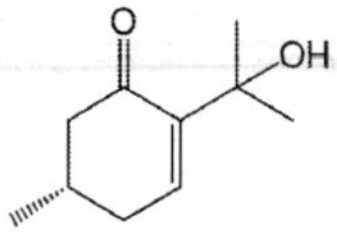

schizonol

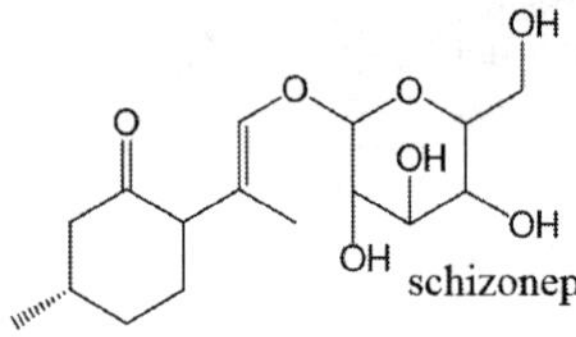

schizonepetoside A

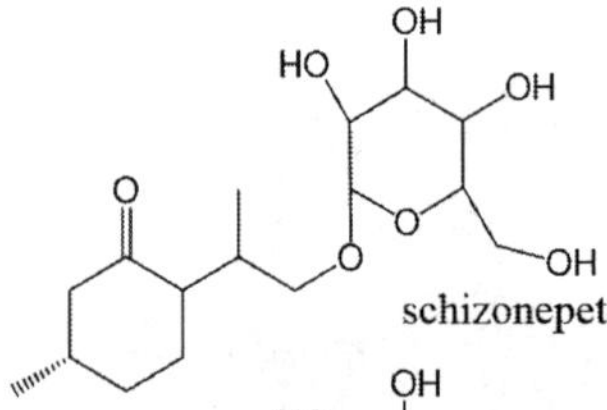

schizonepetoside B

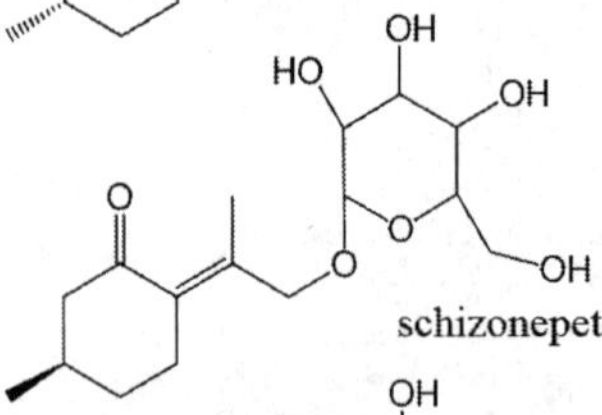

schizonepetoside C

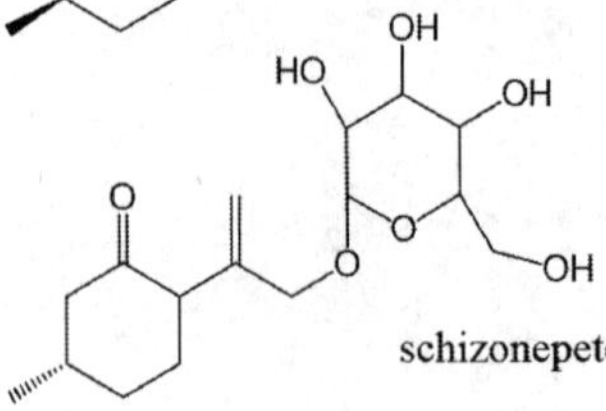

schizonepetoside D

후박: magnocurarine, β-eudesmol, magnolol, honokiol, magnolignan

참고문헌

박종희, 성상현. 2007. 핵심약용식물. 신일북스.

김대근, 김만배, 김훈, 박진한, 임종필, 홍승헌. 2003. 본초생약학. 신일상사.

정보섭, 신민교. 2003. 도해향약대사전. 영림사.

주영승, 정종길. 2005. 약용자원식물학. 영림사.

김경옥. 2001. 실용본초학. 정담.

김학주, 배준현, 이선하. 2000. 기기분석. 동화기술.

오승호. 2011. 조금 상세한 액체크로마토그래피. 신일북스.

박기채, 권수한, 권영순, 김영만, 김영상, 윤영자, 차기원, 최희선. 2008. 기기분석의 이해. 사이플러스.

기기분석교재연구회. 2009. 현대기기분석. 자유아카데미

홍선표. 2005. 실용적 HPLC법. 경희대학교출판국

성기천. 2006. 감초추출물의 약리적 특성 및 분석. 한국유화학회지. 215-222.

Kim GS, Kim HT, Seong JD, Park HS, Kim SD. 2002. Quantitative analysis of platycodin D from *Platycodon grandiflorum* by HPLC-ELSD. *J. Medicinal Crop Sci.* 10(3): 200-205.

Kang YG, Lee JH, Chae HJ, Kim DH, Lee S, Park SY. 2003. HPLC analysis and extraction methods of decursin and decursinol angelate in Angelica gigas roots. *Kor. J. Pharmacogn.* 34(3): 201-205.

심연. 2007. 천궁정유의 비교분석 및 생리활성에 관한 연구. 박사학위논문(덕성여대).

Jang HS, Lee EJ, Lee JH, Kim JS, Kang SS. 2008. Phytochemical studies on astragalus roots(3)- triterpenoids and sterols. *Kor. J. Pharmacogn.* 39(3): 186-193.

Kim JB, Bang BH. 2014. Isolation and purification of berberine in *Cortexphellodendri* by centrifugal partition chromatography. *Kor. J. Food Nutr.* 27(3): 532-537.

액체 크로마토그래피 분석과
천연물 유기화학구조

1판 1쇄 발행 2024년 5월 31일

지 은 이 | 최창식
펴 낸 이 | 김진수
펴 낸 곳 | 한국문화사
등　　록 | 제1994-9호
주　　소 | 서울시 성동구 아차산로49, 404호 (성수동1가, 서울숲코오롱디지털타워3차)
전　　화 | 02-464-7708
팩　　스 | 02-499-0846
이 메 일 | hkm7708@daum.net
홈페이지 | http://hph.co.kr

ISBN 979-11-6919-210-1 93430

· 이 책의 내용은 저작권법에 따라 보호받고 있습니다.
· 잘못된 책은 구매처에서 바꾸어 드립니다.
· 책값은 뒤표지에 있습니다.

오류를 발견하셨다면 이메일이나 홈페이지를 통해 제보해주세요.
소중한 의견을 모아 더 좋은 책을 만들겠습니다.